农村小型水利工程典型设计图集

农村河道工程

湖南省水利厅 组织编写

湖南省水利水电科学研究院 编写

·北京·

内 容 提 要

本分册为《农村小型水利工程典型设计图集》的农村河道工程部分。着重阐述了湖南省农村小型水利工程中农村河道工程的河岸整治设计的基本理论、结构设计、主要施工工艺等基本知识。通过河道护岸的主要设计、施工方法等方面介绍了农村河道工程整治的典型设计方案。

本分册可作为从事农村小型水利工程设计、管理工作的相关单位及个人的参考用书。

图书在版编目（CIP）数据

农村河道工程 / 湖南省水利水电科学研究院编写
. -- 北京 : 中国水利水电出版社, 2021.10
（农村小型水利工程典型设计图集）
ISBN 978-7-5170-9913-0

Ⅰ. ①农… Ⅱ. ①湖… Ⅲ. ①农村－河道整治 Ⅳ.
①TV85

中国版本图书馆CIP数据核字(2021)第182205号

书　名	农村小型水利工程典型设计图集 **农村河道工程** NONGCUN HEDAO GONGCHENG
作　者	湖南省水利水电科学研究院　编写
出版发行	中国水利水电出版社 （北京市海淀区玉渊潭南路1号D座　100038） 网址：www.waterpub.com.cn E-mail：sales@mwr.gov.cn 电话：（010）68545888（营销中心）
经　售	北京科水图书销售有限公司 电话：（010）68545874、63202643 全国各地新华书店和相关出版物销售网点
排　版	中国水利水电出版社微机排版中心
印　刷	清淞永业（天津）印刷有限公司
规　格	297mm×210mm　横16开　2.75印张　83千字
版　次	2021年10月第1版　2021年10月第1次印刷
印　数	0001—5000册
定　价	**18.00**元

前　言

为规范湖南省农村小型水利工程建设，提高工程设计、施工质量，推进农村小型水利工程建设规范化、标准化、生态化，充分发挥工程综合效益，湖南省水利厅组织编制了《农村小型水利工程典型设计图集》(以下简称《图集》)。

《图集》共包含 4 个分册：

——第 1 分册：山塘、河坝、雨水集蓄工程；

——第 2 分册：泵站工程；

——第 3 分册：节水灌溉工程（渠系及渠系建筑物工程、高效节水灌溉工程）；

——第 4 分册：**农村河道工程**。

《图集》由湖南省水利厅委托湖南省水利水电科学研究院编制。

《图集》主要供从事农村小型水利工程设计、施工和管理的工作人员使用。

《图集》仅供参考，具体设计、施工必须满足现行规程规范要求，设计、施工单位应结合工程实际参考使用《图集》，其使用《图集》不得免除设计责任。各地在使用过程中如有意见和建议，请及时向湖南省水利厅农村水利水电处反映。

本分册为《图集》之《农村河道工程》分册。

《图集》(《农村河道工程》分册）主要参与人员：

审定：钟再群、杨诗君；

审查：曹希、陈志江、黎军锋、王平、朱健荣；

审核：李燕妮、伍佑伦、盛东、梁卫平、董洁平；

主要编制人员：张杰、罗国平、楚贝、刘思妍、罗超、邓仁贵、袁理、程灿、陈志、罗仕军、刘孝俊、李康勇、张勇、陈虹宇、李泰、周家俊、朱静思、姚仕伟、于洋、赵馀、徐义军、李忠润。

作者

2021 年 8 月

目 录

1　范围

1.1 《图集》所称的农村河道工程主要指承担灌溉、排涝功能，流域面积在 50km^2 以下的农村河道的整治工程。

1.2 《图集》主要针对现有农村河道整治工程。

2　《图集》主要引用的法律法规及规程规范

2.1 《图集》主要引用的法律法规

《中华人民共和国水法》

《中华人民共和国安全生产法》

《中华人民共和国环境保护法》

《中华人民共和国节约能源法》

《中华人民共和国消防法》

《中华人民共和国水土保持法》

《农田水利条例》(中华人民共和国国务院令第 669 号)

注：《图集》引用的法律法规，未注明日期的，其最新版本适用于《图集》。

2.2 《图集》主要引用的规程规范

SL 56—2013　农村水利技术术语

SL 191—2008　水工混凝土结构设计规范

GB 50010—2010(2015 版)　混凝土结构设计规范

GB 50003—2011　砌体结构设计规范

GB 50203—2011　砌体结构工程施工质量验收规范

SL 303—2017　水利水电工程施工组织设计规范

SL 73.1—2013　水利水电工程制图标准基础制图

GB/T 18229—2000　CAD 工程制图规则

注：《图集》引用的规程规范，凡是注日期的，仅所注日期的版本适用于《图集》；凡是未注日期的，其最新版本（包括所有的修改单）适用于《图集》。

3　术语和定义

3.1　河道整治

为适应经济社会发展需要，按照河道演变规律，稳定和改善河势，改善河道边界条件、水流流态和生态环境的治理活动。

3.2　治导线

河道整治规划拟定的满足设计流量要求尺度和控制河势的平面轮廓线。

3.3　顺直型河段

河槽平面形态顺直的河段。

3.4　弯曲型河段

河槽由正反相间的弯曲段和介于其间的过渡段连接而成的平面呈蛇曲形的

河段。

3.5 分汊型河段

河槽分为若干汊道，各汊道交替消长的河段。

3.6 游荡型河段

河槽宽浅多变、沙洲众多、水流散乱、主流经常摆动的河段。

3.7 潮汐河口段

河流受潮汐影响在潮流界以下的河段。

3.8 河槽

河道中经常通过水流的部分。

3.9 浅滩

河槽中隔断上下游深槽、阻碍水流或航行、由砂砾石等组成的沉积体。

3.10 河势

河道水流的平面形态及其发展趋势，包括河道水流动力轴线或深泓线的位置、走向以及河弯、岸线和洲滩分布的状况等。

3.11 主流

沿河道纵向流动的、流速相对较大的水流主体部分。

3.12 弯道环流

水流在弯道段内做曲线运动所产生的离心力，使表流指向凹岸，底流指向凸岸，形成的横向环流。此横向环流与纵向水流相结合，形成顺主流方向呈螺旋形向前运动的水流。

3.13 防护工程

为保护堤防和滩岸，防止水流冲刷和波浪冲蚀及渗流破坏而修筑的平顺式且基本不改变水流流势的工程。

3.14 控导工程

为控导主流、稳定河势、保堤护滩而修筑的对水流流势产生一定影响的工程。

3.15 防护对象

防洪保护对象的简称，指受到洪(潮)水威胁需要进行防洪保护的对象。

3.16 防洪保护区

洪(潮)水泛滥可能淹及且需要防洪工程设施保护的区域。

3.17 防护等级

对于同一类型的防护对象，为了便于针对其规模或性质确定相应的防洪标准，从防洪角度根据一些特性指标将其划分的若干等级。

3.18 戗台

为保障堤防工程安全，对堤身较高的堤段，在堤坡适当部位设置的具有一定宽度的平台。

3.19 防浪墙

为防止波浪翻越堤顶而在堤顶挡水前沿设置的墙体。

3.20 护坡

防止堤防边坡受水流、雨水、风浪的冲刷侵蚀而修筑的坡面保护设施。

3.21 穿堤建筑物

以引、排水为目的，从堤身或堤基穿过的管、涵、闸等水利建筑物的总称。

3.22 临堤建筑物

在河道堤防管理范围或堤脚线以外修建的不穿越堤身、堤脚的建筑物。

3.23 跨堤建筑物

跨越堤防的建筑物。

3.24 决口

堤防由于填筑物料、填筑质量、高程等缺陷在水流的作用下冲蚀坍塌，形成缺口，造成水流出的现象。

3.25 设计枯水位

用于护岸工程设计护坡与护脚的分界，通常选取为枯水期水位的多年平均值或相应于某一重现期的枯水位。

3.26 常水位

经过长时期对水位的观测后得出的，在一年或若干年中，有 50% 的水位等于或超过该水位的高程值。

3.27　洪水标准

为维护水工建筑物自身安全所需防御的洪水大小，一般以某一频率或者重现期洪水表示，分为设计洪水标准和校核洪水标准。

4　一般要求

4.1　防洪标准：农村河道治理要符合流域、区域防洪规划，其防洪标准一般为 2 ～ 5 年一遇，民居临岸的河段，其防洪标准为 10 年一遇。

4.2　排涝标准：排涝标准按照 GB 50201—2014《防洪标准》及 GB 50288—2018《灌溉与排水工程设计标准》的规定确定。一般为 5 ～ 10 年一遇 3d 暴雨 3d 排至耐淹水深。

4.3　河床陡坡段，应设置跌水和消能设施。

4.4　居民集中区，在满足河道行洪条件下，结合河道地形，筑坝形成一定的水面，以满足生态和居民用水要求。

4.5　在有条件的河段，在河道一侧，可设置人行便道和跨河交通桥，方便居民生产生活。

4.6　在有条件河段，可修建一些与农村山塘、水域连接的水系连通工程。

4.7　部分有条件河段，可沿岸种植一些乔木和灌木，美化环境。

4.8　统一规划排污口，生活污水经处理后，达标集中排放。

4.9　农村河道整治的护堤、护岸工程不得侵占现有河道。

4.10　农村河道生态建设应在满足泄洪排水、堤岸安全等要求下和有效保护河道及其周边生物多样性的条件下，尽量保持河道相对稳定的天然弯曲走向、蜿蜒形态，并保留河道内相对稳定的跌水、深潭及应有的滩地，防止河道渠化。

4.11　严禁为了土地开发对河道进行裁弯取直。只有当河道弯曲较大，影响河岸稳定和通航要求时，经科学论证，在满足河道上、下游堤防安全及河床稳定条件下才可对河道裁弯取直。

4.12　平原区河流岸坡相对较缓、河床坡降不大、流速较小，但岸坡多为冲积、堆积层或人工填土，土质疏松，植被不好，河道容易淤积，岸坡容易受水流冲刷而崩垮。因此对平原区河流的整治措施主要为清淤疏浚。另外，对边坡较陡的不稳定边坡进行修整后采用生态护坡；对迎流当冲而遭受破坏的河段采用浆砌石挡墙或格宾挡墙护岸、护脚；对受水流淘刷而导致坡脚遭受破坏的河段采用格宾石笼、浆砌石或混凝土护脚。

山丘区河流岸坡陡、河床坡降大，流速大，但土质及植被均较好，除迎流当冲河段常年受高速水流冲刷，容易崩垮外，其他河段相对稳定。因此对山丘区河流的整治遵循“按故道治河”的原则。对于植被较好、岸坡稳定的顺直河段，应尽量保持河道弯曲、平顺、生态的自然形态，不得采取大规模的工程措施，只对局部位置采取植物措施进行修复；对迎流当冲而遭受破坏的河段采用浆砌石或混凝土刚性护岸、护脚；对受水流淘刷而导致坡脚遭受破坏的河段采用浆砌石或混凝土刚性护脚。

4.13　生态措施的一个重要体现在于常水位以下水体及营养的充分交换，因此常水位以下的护坡及固脚措施应尽量避免采用封闭的硬质材料。

4.14　以工程措施为主的岸坡整治，护坡工程应遵循“随坡就势”的原则，不得过于追求岸坡的整齐划一，尽量避免大填方或大挖方。对于岸线呈锯齿状的凹凸河岸，可依据“挖填平衡”原则对岸坡进行适当调整。

4.15　对淤泥河道进行疏挖时，应以提高河道行洪能力，改善水质为目的，不宜进行过度开挖。

4.16　满足行洪要求的山丘区河道岸坡不稳定时，可按相应的防洪标准进行护岸和护脚处理，原则上不新建堤防。

4.17　对于阻碍行洪的卡口河段，要根据上下游保护对象确定是否扩卡。卡口上游有集镇或大片农田，下游没有集镇的，可以扩卡；卡口上游为农田，下游有集镇的，则不能扩卡；卡口上、下游均有集镇的，则应综合考虑，在确保不加重下游集镇防洪任务的情况下可以扩卡，否则应采取其他措施减少洪水对上游集镇的影响。

4.18　应注意对河滩及部分阻碍行洪的河心洲加强保护，以营造多样性的生态环境。需要整治的河滩以切滩为主，增加河道行洪能力和提高河道水面率；植被较好的河心洲宜维持现状，裸露的河心洲以平洲为主。

4.19 河道岸坡治理防护工程应考虑超标准洪水的防范和应对。

4.19.1 护岸的护脚工程应能满足超标洪水的冲刷要求。

4.19.2 护岸工程的压顶应能满足超标准洪水的漫溢、淘刷要求。

4.20 河道纵断面宜保持河道原有的天然坡降，当河道天然坡降难以保持河床稳定时可适当调整河道纵向坡降。河床表现为冲刷可用堰坝调整坡降固定河床；河床表现为泥沙淤积时，可结合河道横断面的调整及提高纵断面的坡降等措施使河床冲淤保持相对平衡。

4.21 河道横断面宜保持天然河道断面形态，当保持天然河道断面有困难或不可能时，应考虑地形、地质、水流等因素及河道的综合利用要求按以下顺序选择人工断面：复式断面、梯形断面、矩形断面。当否定前一断面而选择后一断面时应说明充足的理由。对于水位变幅比较大的人工河道断面应防止使河床成为单一的平整面，应考虑非洪水流能归一到宽窄不同、深浅不一、自然弯曲的低河槽内。

4.22 河道横断面应满足一定的河相关系，宽深比应在合理范围内，保证在发生经常性洪水时河道内的固定径流不淤积、河床不冲刷，小洪水时避免形成游荡型河流。除地形限制、拆迁困难等因素外不应仅按泄洪要求规划的最小堤距确定河道横断面宽度。拟利用草皮、灌木等植物措施护坡的河道横断面边坡坡比不宜陡于 1 ∶ 1.5 ~ 1 ∶ 2.5，应因地制宜为好。

4.23 矩形断面（包括坡度陡的梯形断面、复式断面）应在适当位置设置下河台阶，方便居民生活取水要求。

4.24 堤防应根据地质、地形、水流条件及当地的经济、材料及周边景观特征依次选定土堤、土石混合堤、浆砌石（混凝土）等结构形式。护岸按河道横断面依次选定仰斜式护岸、斜坡式护岸、重力式（墙式）护岸。

4.25 护岸（护坡）形式应综合考虑安全、血防、生态、经济、景观等因素依次选定植物护岸、石笼护岸（坡）、干砌石护岸（坡）、浆砌石护岸（坡）、混凝土护岸（坡）。当选定某种护岸（坡）形式时应说明充分理由。浆砌石、混凝土等硬化护坡应考虑保持河道与河岸之间的水体循环，对没有防渗要求的硬化区应设有足够面积的干砌石或其他渗透能力强的非硬化结构。除消能防冲需要建设相应的河床硬化护底外，不应对河床底进行硬化护砌。

4.26 洪水暴涨暴落的山丘区河道的干砌石堤顶面应按防冲要求浇筑 100 ~ 200mm 混凝土或其他防冲措施（但不宜采用水泥砂浆抹面），农田保护区的堤防应按防冲不防淹要求设计，农田保护区的下游堤防应采用开口型或设有排水涵洞。弯曲型河道的冲刷河岸段应有相应的防护措施，其淤积河岸段除其河岸建筑物本身要求硬化护砌外应避免采用硬化材料护岸（坡），应选择植物措施或其他渗透性能好的材料及砌筑形式护岸。

4.27 堤防、护岸的具体结构、安全等要求及施工质量要求应符合 GB 50286—2013《堤防工程设计规范》及 SL 260—2014《堤防工程施工规范》的要求。堤岸防护计算包括波浪计算、岸坡稳定计算、冲刷深度计算、护坡护脚计算四部分内容。工程设计中应按照 GB 50286—2013 中附录 C 及附录 D 所列公式选择有代表性的断面进行计算。护岸工程上部高程为设计洪水位，设计洪水位以上一般采用草皮护坡。护岸工程下部护脚措施可根据水流、河势条件、材料来源等，选用抛投体、格宾石、浆砌石、混凝土等方式。根据冲刷计算成果，合理确定护脚的埋设深度，护脚顶部可设置枯水平台，枯水平台顶部高程高于设计枯水位 0.5 ~ 1.0m，滩岸护坡顶部高程宜与滩面相平或稍高于滩面高程。

4.28 为了满足附近居民的生产、生活需求，在居民集中区设置下河踏步。踏步采用 C25 混凝土现浇，每阶踏步高 0.15m，临近水面宜设置亲水平台，平台净宽≥ 1.0m。

4.29 安全文明施工

4.29.1 在施工时应加强安全措施，按有关规定设立各种安全标志牌、警告牌、照明装置等。

4.29.2 恶劣天气严禁室外施工作业，各种棚架、构筑物和机械设备要有对应安全措施。

4.29.3　现场文明施工，材料、机具的堆放，力求整齐合理，场内无污水、积水。工程施工期间应维护好施工现场原有建筑设施的结构安全，施工污水、泥浆、垃圾，严禁往河里排放。

4.29.4　严格按照各级政府有关安全文明施工的要求，做好其他各项工作。

仿木桩护坡、护岸施工要求与流程

仿木桩施工步骤及注意事项：

（1）仿木桩预制及存放。为满足仿木桩护坡、护岸工程施工进度的要求，仿木桩需提前制作，其长度、直径、材质等满足设计图纸要求。仿木桩主要在料场按进行预制，采购橡胶塑料材质的仿木桩模具，在预制场制作浇筑完成后放置于振动台上振动密实，确保仿木桩成型质量及混凝土强度达到设计要求，并待仿木桩混凝土强度达到要求后进行拆模，仿木桩混凝土强度达到设计要求后，方可采用汽车运到工地现场，仿木桩预制时注意保证钢筋规格、位置、数量满足要求，仿木桩尺寸及混凝土强度等级等满足设计要求。仿木桩吊运、装卸、堆置时，桩身不得遭受冲击或振动，以免因之损及桩身。仿木桩于使用时，应按运抵工地之先后次序使用，同时应检查仿木桩是否完整。仿木桩储存地基须坚实而平坦。

（2）基层处理。将仿木桩表面冲洗干净，保持混凝土桩体表面湿润，但不得有明水。包裹钢丝网或铅丝网，压抹1∶2水泥砂浆，按一定比例配制SPC界面剂，搅拌至无水泥颗粒、无沉淀。砂浆表面均匀涂刷SPC界面剂(水泥：SPC乳液=0.8∶1.0，根据需要掺适量颜料)，然后均匀涂刷，不漏涂，以保证仿木装饰层与桩体结构粘结良好，不脱落。

（3）仿木面的养护。主要为保水养护及冬季施工的保温措施。仿木面层完成后，采用塑料膜覆盖潮湿养护7天，再自然养护7天后进行表面处理。如果在冬季施工，应采取相应的保温防护措施，保证仿木面层在5℃以上养护环境。

（4）表面处理。对成型仿木桩表面进行调整、补充、加固、艺术手法展现处理，搭配调和、调色、造光等处理。

（5）防护涂层处理。涂层材料采用环氧树脂对装饰面层表面进行喷涂处理，应严格控制施工工艺要求进行涂装施工，遇到雨天湿度大于80%或温度低于5℃时，禁止进行涂装施工。雨后须检查基层含水率合格后，方可进行施工。涂装层包括1道环氧封闭漆和2道丙烯聚氨酯面漆。

（6）仿木桩安装施工。仿木桩施工前，由测量人员依据设计图纸进行测量放样，确定仿木排桩安设位置，并予以标记。仿木桩安装按设计图要求，由测量人员放线就位，检查垂直度，可每隔一段距离先固定一根仿木桩，然后在固定的仿木桩顶带线放置固定仿木桩之间的仿木排桩，检查合格后方可抖置砂浆，用砂浆填实仿木桩之间的空隙，并振捣密实。

（7）墙后回填土及绿化施工。砂浆强度达到设计要求后，铺设仿木桩后土工布，并及时采用挖掘及打夯机分层铺土碾压，铺土厚度不大于30cm。回填土的土质应符合有关要求，填土中不得含有淤泥、植物根茎、垃圾杂物等杂质。墙后土方填筑完成后，及时刷坡进行树木、草皮附属绿化工程施工。

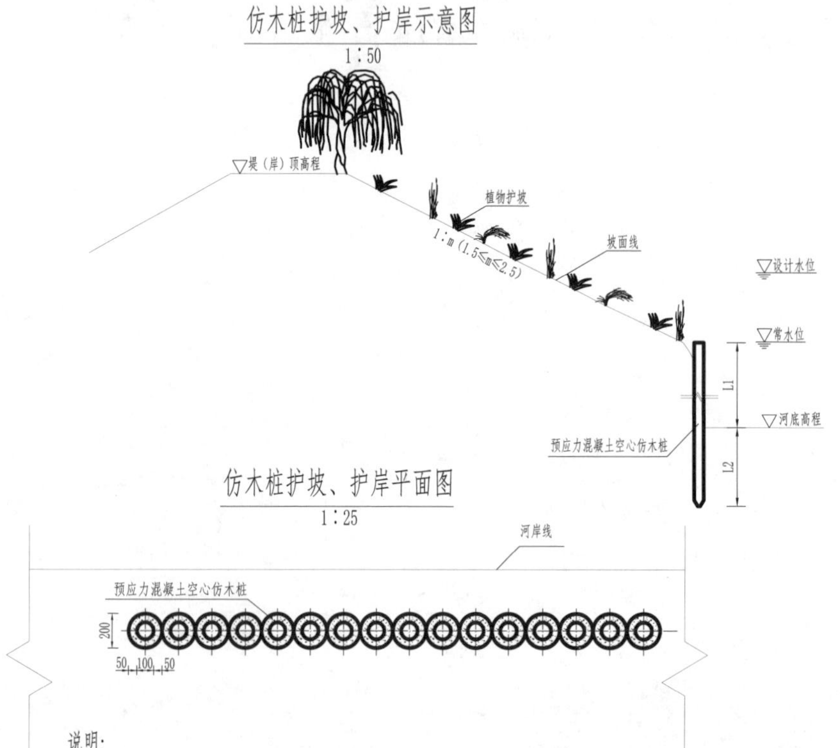

说明：

1. 图中高程以m计，其余尺寸以mm计。
2. 该方案适用于坡脚存在崩垮或因淘刷出现临空面，基础条件差且清除淤泥后软土层厚度不大于3.0m的情况。
3. 预应力混凝土空心仿木桩设置为一排，仿木桩的直径是混凝土与钢筋量的消长，一般要求直径不小于150mm，实际设计中根据桩长，一般要求直径不小于桩长的1/30，还应考虑工程施工的顺利进行。仿木桩长度由两部分组成，露出临水面土坡上的长度L1和埋入土中的长度L2，L1根据实际工程情况(如河口宽度等)而定，L2长度应通过其稳定性，试算确定。
4. 桩与桩之间的间隙不大于20mm，垂直纵轴线方向，桩中心偏差不得超过15mm；压桩(或打桩)以桩端设计标高控制，桩顶标高偏差不得超过40mm。
5. 仿木桩挡土墙施工工艺流程为：河坡清杂→施工围堰→基坑抽排水→测量放样→基础土方开挖→仿木桩基础扎筋、立模→拆模→安设固定仿木排桩（安装前预制好仿木桩并达到设计强度）→填充M15砂浆并振捣密实→砂浆等强、桩后铺设土工布→墙后回填土→绿化施工。
6. 打桩分两次进行，第一次打桩至仿木纹下缘，待整条打桩路径结束后，再进行二次打桩，将桩打至设计高程。
7. 土方填筑采用黏土回填，回填土不得含植物根茎、垃圾等，分层夯实，分层厚度不大于25cm，压实度不小于0.91。
8. 预应力混凝土空心仿木桩的施工应在专业厂家的指导下进行。
9. 其他未尽事宜参照相关规范执行。

湖南省农村小型水利工程典型设计图集　农村河道工程分册			
图名	仿木桩护坡、护岸设计图	图号	NCHD-01

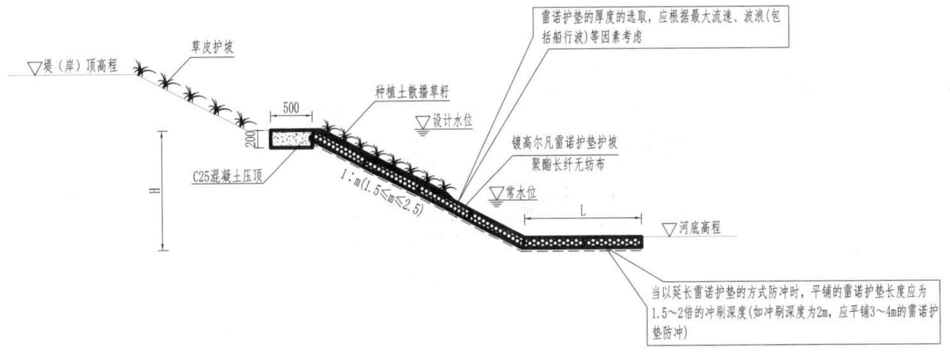

雷诺护垫/格宾垫厚度对应水流流速参数

类型	厚度	填充石料		临界流速（m/s）	极限流速（m/s）
		石料规格（mm）	d50		
雷诺护垫	0.17	70-100	0.085	3.5	4.2
		70-150	0.110	4.2	4.5
	0.23	70-100	0.085	3.6	5.5
		70-150	0.120	4.5	6.1
	0.30	70-120	0.100	4.2	5.5
		70-150	0.125	5.0	6.4
格宾垫	0.50	100-200	0.150	5.8	7.6
		120-250	0.190	6.4	8.0

说明：

1. 本图高程以m计，其余尺寸单位以mm计。
2. 该方案适用于护坡段长度不长，水流流速在2～5m/s的情况，设计水位以下可采用雷诺护垫进行岸坡防护，坡脚处采用延长雷诺护垫的方式进行护脚，护脚护垫厚度大于护坡护垫的厚度，雷诺护垫底部均应铺设聚酯长纤无纺布进行反滤。
3. 坡脚处雷诺护垫设置长度应为最大冲刷深度的1.5～2倍；雷诺护垫厚度应根据河道的流速，并根据所选取的产品进行选择。
4. 雷诺护垫铺设边坡坡比应缓于1∶1.5，且为稳定岸坡，当护垫自身抗滑不满足时可采用打木桩等方式进行加固。
5. 雷诺护垫应根据不同的工程需要选用防腐镀层，对于一般的永久性工程多选用镀高尔凡防腐镀层。
6. 雷诺护垫网面抗拉强度30kN/m，均符合EN 10223—3《河道治理铅丝石笼》。雷诺护垫供货单位应提供由中国国家认证认可监督管理委员会认证的检测单位出具的网面抗拉强度检测报告。
7. 雷诺护垫施工工艺：堤坡面平整→铺设无纺布→反滤料铺设→雷诺护垫组装→安装及填充石料→雷诺护垫封盖。雷诺护垫应在平地完成组装，用吊车装铺设，尤其是在坡度较陡的施工区域。
8. 填土要求：土方填筑采用黏土回填，回填土不得含植物根茎、垃圾等，分层夯实，分层厚度不大于25cm，压实度不小于0.91。
9. 填石要求：填石可采用块石或卵石，要求强度等级不小于MU30，不易水解，抗风化硬质岩石，填充空隙率不大于30%。雷诺护垫填石粒径以70～150mm为宜。
10. 聚酯长纤无纺布应根据实际情况考虑是否设计，其标称断裂强度10kN/m，详细指标参照GB/T 17639—2008《土工合成材料 长丝纺粘针刺非织造土工布》。
11. 未尽事宜严格按照国家标准执行，具体施工要求及流程详见图册NCHD-09。

湖南省农村小型水利工程典型设计图集　农村河道工程分册			
图名	雷诺护垫护坡护脚设计图	图号	NCHD-02

雷诺护垫护坡+格宾护脚示意图

1∶50

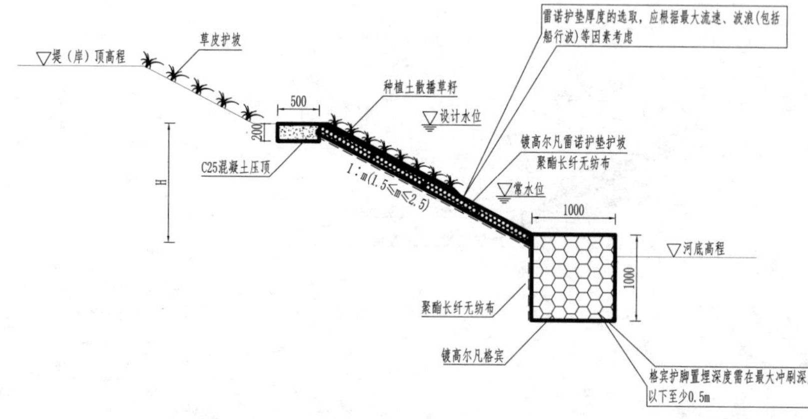

雷诺护垫/格宾垫厚度对应水流流速参数

类型	厚度	填充石料		临界流速（m/s）	极限流速（m/s）
		石料规格（mm）	d50		
雷诺护垫	0.17	70-100	0.085	3.5	4.2
		70-150	0.110	4.2	4.5
	0.23	70-100	0.085	3.6	5.5
		70-150	0.120	4.5	6.1
	0.30	70-120	0.100	4.2	5.5
		70-150	0.125	5.0	6.4
格宾垫	0.50	100-200	0.150	5.8	7.6
		120-250	0.190	6.4	8.0

说明：

1. 本图高程以m计，其余尺寸单位以mm计。
2. 该方案适用于护坡段长度不长，水流流速在2～5m/s且当冲的情况，设计水位以下可采用雷诺护垫进行岸坡防护，坡脚处采用格宾的方式进行护脚，雷诺护垫底部与格宾护脚内侧均应铺设聚酯长纤无纺布进行反滤。
3. 格宾护脚的埋深应在最大冲刷深度以下0.5m；雷诺护垫厚度应根据河道的流速，并根据所选取的产品进行选择。
4. 雷诺护垫铺设边坡坡比应缓于1∶1.5，且为稳定岸坡，当护垫自身抗滑不满足时可采用打木桩等方式进行加固。
5. 雷诺护垫与格宾应根据不同的工程需要选用防腐镀层，对于一般的永久性工程多选用镀高尔凡防腐镀层。
6. 雷诺护垫网面抗拉强度30kN/m，格宾网面抗拉强度50kN/m，均符合EN 10223—3《河道治理铅丝石笼》。雷诺护垫供货单位应提供由中国国家认证认可监督管理委员会认证的检测单位出具的网面抗拉强度检测报告。
7. 雷诺护垫施工工艺：堤坡面平整→铺设无纺布→反滤料铺设→雷诺护垫组装→安装及填充石料→雷诺护垫封盖。雷诺护垫应在平地完成组装，用吊车装铺设，尤其是在坡度较陡的施工区域。
8. 格宾护脚施工工艺：基槽开挖→搭设钢管架操作平台→铺设土工布→格宾笼水上单组组装并进行水下安装就位→格宾笼水下并组→装填卵石料→水下补料及平整→水下封盖→操作平台拆除。
9. 填土要求：土方填筑采用黏土回填，回填土不得含植物根茎、垃圾等，分层夯实，分层厚度不大于25cm，压实度不小于0.91。
10. 填石要求：填石可采用块石或卵石，要求强度等级不小于MU30，不易水解，抗风化硬质岩石，填充空隙率不大于30%。雷诺护垫填石粒径以70～150mm为宜，格宾填石粒径以100～300mm为宜。
11. 聚酯长纤无纺布应根据实际情况考虑是否设计，其标称断裂强度10kN/m，详细指标参照国标GB/T 17639—2008《土工合成材料 长丝纺粘针刺非织造土工布》。
12. 未尽事宜严格按照国家标准执行，具体施工要求及流程详见图册NCHD-09。

湖南省农村小型水利工程典型设计图集　农村河道工程分册			
图名	雷诺护垫护坡+格宾护脚设计图	图号	NCHD-03

雷诺护垫护坡+赛克格宾护脚示意图

1∶50

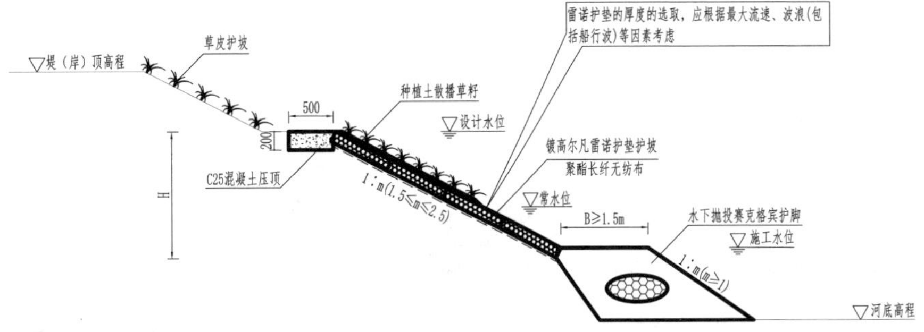

雷诺护垫/格宾垫厚度对应水流流速参数

类型	厚度	填充石料		临界流速（m/s）	极限流速（m/s）
		石料规格（mm）	d50		
雷诺护垫	0.17	70-100	0.085	3.5	4.2
		70-150	0.110	4.2	4.5
	0.23	70-100	0.085	3.6	5.5
		70-150	0.120	4.5	6.1
	0.30	70-120	0.100	4.2	5.5
		70-150	0.125	5.0	6.4
格宾垫	0.50	100-200	0.150	5.8	7.6
		120-250	0.190	6.4	8.0

说明：

1. 本图高程以m计，其余尺寸单位以mm计。
2. 该方案适用于水下施工情况，当河道水流流速在2～5m/s时可采用雷诺护垫进行岸坡防护，坡脚处采用水下抛投赛克格宾的方式进行护脚，如有机械配合，可选用巨型赛克格宾进行水下施工。
3. 雷诺护垫厚度应根据河道的流速，并根据所选取的产品进行选择。
4. 水下抛投赛克格宾顶部平台宽度不小于1.5m，面坡坡比不陡于1∶1。
5. 雷诺护垫铺设边坡坡比应缓于1∶1.5，且为稳定岸坡，当护垫自身抗滑不满足时可采用打木桩等方式进行加固。
6. 雷诺护垫与格宾应根据不同的工程需要选用防腐镀层，对于一般的永久性工程多选用镀高尔凡防腐镀层。
7. 雷诺护垫网面抗拉强度30kN/m，赛克格宾网面抗拉强度50kN/m，均符合EN 10223—3《河道治理铅丝石笼》。雷诺护垫供货单位应提供由中国国家认证认可监督管理委员会认证的检测单位出具的网面抗拉强度检测报告。
8. 雷诺护垫施工工艺：堤坡面平整→铺设无纺布→反滤料铺设→雷诺护垫组装→安装及填充石料→雷诺护垫封盖。雷诺护垫应在平地完成组装，用吊车装铺设，尤其是在坡度较陡的施工区域。
9. 赛克格宾护脚施工工艺：石笼网组装→填充石料→缝边→网丝表面涂层→水下抛投或吊装。
10. 填土要求：土方填筑采用黏土回填，回填土不得含植物根茎、垃圾等，分层夯实，分层厚度不大于25cm，压实度不小于0.91。
11. 填石要求：填石可采用块石或卵石，要求强度等级不小于MU30，不易水解，抗风化硬质岩石，填充空隙率不大于30%。雷诺护垫填石粒径以70～150mm为宜，格宾填石粒径以100～300mm为宜。
12. 聚酯长纤无纺布应根据实际情况考虑是否设计，其标称断裂强度10kN/m，详细指标参照GB/T 17639—2008《土工合成材料 长丝纺粘针刺非织造土工布》。
13. 未尽事宜严格按照国家标准执行，具体施工要求及流程详见图册NCHD-09。

湖南省农村小型水利工程典型设计图集　农村河道工程分册			
图名	雷诺护垫护坡+赛克格宾护脚设计图	图号	NCHD-04

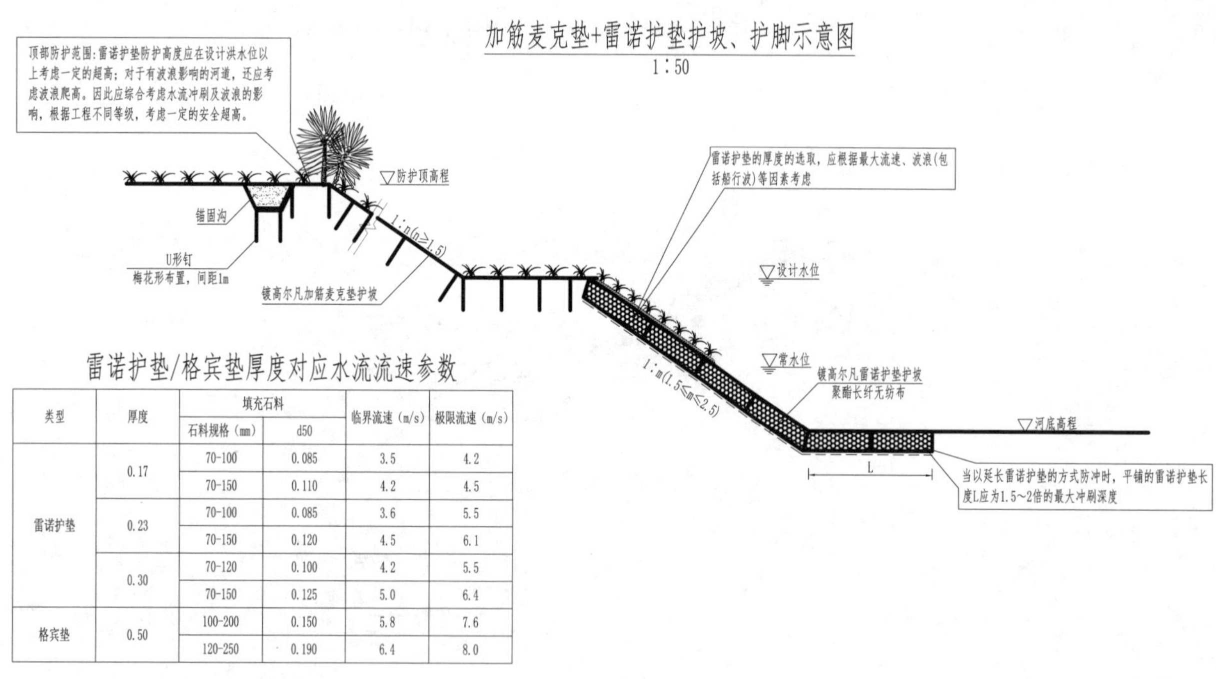

雷诺护垫/格宾垫厚度对应水流流速参数

类型	厚度	填充石料		临界流速（m/s）	极限流速（m/s）
		石料规格（mm）	d50		
雷诺护垫	0.17	70-100	0.085	3.5	4.2
		70-150	0.110	4.2	4.5
	0.23	70-100	0.085	3.6	5.5
		70-150	0.120	4.5	6.1
	0.30	70-120	0.100	4.2	5.5
		70-150	0.125	5.0	6.4
格宾垫	0.50	100-200	0.150	5.8	7.6
		120-250	0.190	6.4	8.0

说明：

1. 本图高程以m计，其余尺寸单位以mm计。
2. 该方案适用于护坡段长度较长，水流流速在2～5m/s的情况。设计水位以下可采用雷诺护垫进行岸坡防护，设计水位以上部分采用加筋麦克垫进行岸坡防护，坡脚处采用延长雷诺护垫的方式进行护脚，护脚护垫厚度大于护坡护垫的厚度，雷诺护垫底部均应铺设聚酯长纤无纺布进行反滤。
3. 加筋麦克垫是一种加筋的三维土工垫，它是将立体聚酯材料挤压于机编六边形双绞合钢丝网面上形成的。聚丙烯单位面积密度为500g/m^2±50g/m^2；加筋网面网孔规格为6cm×8cm，钢丝直径为φ2.2；空隙率>90%。
4. 加筋麦克垫顶部需埋入锚固沟，并用U形钉固定，U形钉采用φ8钢筋制作，梅花形布置，间距为1m；若坡度较陡固定困难，可适当增加U形钉用量。
5. 坡脚处雷诺护垫设置长度应为最大冲刷深度的1.5～2倍；雷诺护垫厚度应根据河道的流速，并根据所选取的产品进行选择。
6. 雷诺护垫铺设边坡坡比应缓于1∶1.5，且为稳定岸坡，当护垫自身抗滑不满足时可采用打木桩等方式进行加固。
7. 雷诺护垫与加筋麦克垫应根据不同的工程需要选用防腐镀层，对于一般的永久性工程多选用镀高尔凡防腐镀层。
8. 加筋麦克垫网面抗拉强度35kN/m，雷诺护垫网面抗拉强度30kN/m，均符合EN 10223—3《河道治理铅丝石笼》；雷诺护垫供货单位应提供由中国国家认证认可监督管理委员会认证的检测单位出具的网面抗拉强度检测报告，加筋麦克垫供货单位应提供由中国国家认证认可监督管理委员会认证的检测单位出具的网面抗拉强度检测报告以及聚合物剥离强度检测报告。
9. 雷诺护垫施工工艺：堤坡面平整→铺设无纺布→反滤料铺设→雷诺护垫组装→安装及填充石料→雷诺护垫封盖。雷诺护垫应在平地完成组装，用吊车装铺设，尤其是在坡度较陡的施工区域。
10. 加筋麦克垫施工工艺：清除坡面→铺设种植土层→施肥、撒草籽→铺设麦克垫→锚固→喷洒湿润。
11. 填土要求：土方填筑采用黏土回填，回填土不得含植物根茎、垃圾等，分层夯实，分层厚度不大于25cm，压实度不小于0.91。
12. 填石要求：填石可采用块石或卵石，要求强度等级不小于MU30，不易水解，抗风化硬质岩石，填充空隙率不大于30%。雷诺护垫填石粒径以70～150mm为宜。
13. 聚酯长纤无纺布应根据实际情况考虑是否设计，其标称断裂强度10kN/m，详细指标参照国标GB/T 17639—2008《土工合成材料 长丝纺粘针刺非织造土工布》。
14. 未尽事宜严格按照国家标准执行，具体施工要求及流程详见图册NCHD-09。

湖南省农村小型水利工程典型设计图集　农村河道工程分册			
图名	加筋麦克垫+雷诺护垫护坡护脚设计图	图号	NCHD-05

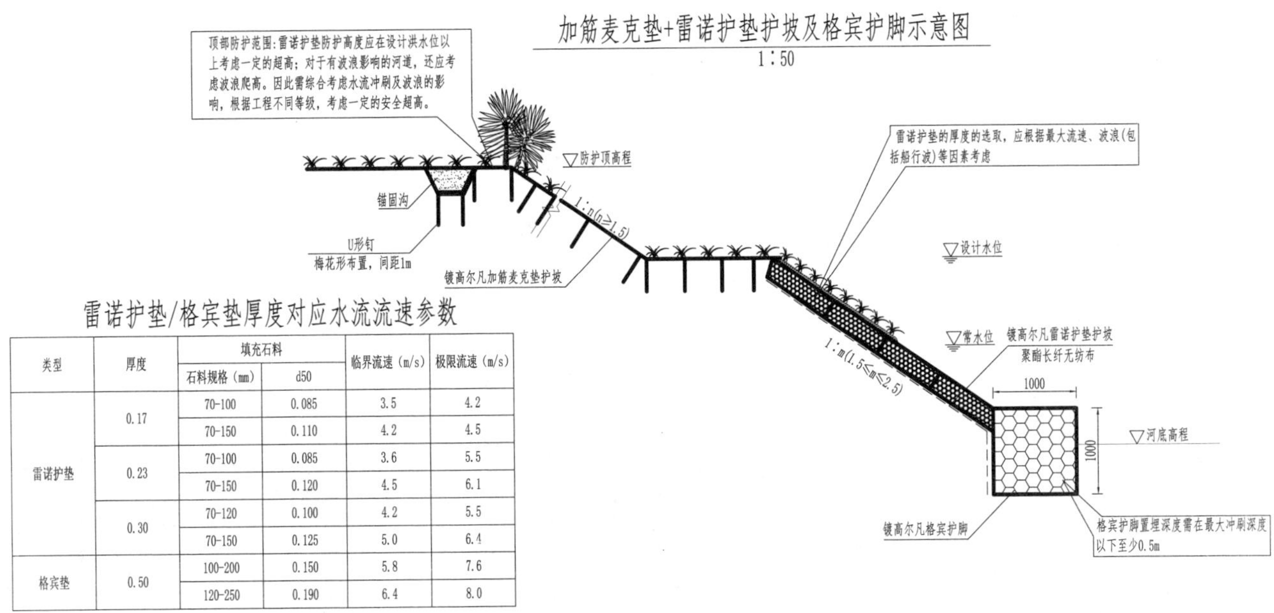

雷诺护垫/格宾垫厚度对应水流流速参数

类型	厚度	填充石料		临界流速（m/s）	极限流速（m/s）
		石料规格（mm）	d50		
雷诺护垫	0.17	70-100	0.085	3.5	4.2
		70-150	0.110	4.2	4.5
	0.23	70-100	0.085	3.6	5.5
		70-150	0.120	4.5	6.1
	0.30	70-120	0.100	4.2	5.5
		70-150	0.125	5.0	6.4
格宾垫	0.50	100-200	0.150	5.8	7.6
		120-250	0.190	6.4	8.0

说明：

1. 本图高程以m计，其余尺寸单位以mm计。
2. 该方案适用于护坡段长度较长，水流流速在2～5m/s的情况。设计水位以下可采用雷诺护垫进行岸坡防护，设计水位以上部分采用加筋麦克垫进行岸坡防护，坡脚处采用格宾进行护脚，雷诺护垫底部与格宾后均应铺设聚酯长纤无纺布进行反滤。
3. 加筋麦克垫是一种加筋的三维土工垫，它是将立体聚酯材料挤压于机编六边形双绞合钢丝网面上形成的。聚丙烯单位面积密度为$500g/m^2\pm50g/m^2$；加筋网面网孔规格为6cm×8cm，钢丝直径为φ2.2；空隙率>90%。
4. 加筋麦克垫顶部需埋入锚固沟，并用U形钉固定，U形钉采用φ8钢筋制作，梅花形布置，间距为1m；若坡度较陡固定困难，可适当增加U形钉用量。
5. 格宾护脚的埋深应在最大冲刷深度以下0.5m；雷诺护垫厚度应根据河道的流速，并根据所选取的产品进行选择。
6. 雷诺护垫铺设边坡坡比应缓于1∶1.5，且为稳定岸坡，当护垫自身抗滑不满足时可采用打木桩等方式进行加固。
7. 雷诺护垫、格宾与加筋麦克垫应根据不同的工程需要选用防腐镀层，对于一般的永久性工程多选用镀高尔凡防腐镀层。
8. 加筋麦克垫网面抗拉强度35kN/m，雷诺护垫网面抗拉强度30kN/m，格宾网面抗拉强度50kN/m，均符合EN 10223—3《河道治理铅丝石笼》；雷诺护垫、格宾供货单位应提供由中国国家认证认可监督管理委员会认证的检测单位出具的网面抗拉强度检测报告，加筋麦克垫供货单位应提供由中国国家认证认可监督管理委员会认证的检测单位出具的网面抗拉强度检测报告以及聚合物剥离强度检测报告。
9. 雷诺护垫施工工艺：堤坡面平整→铺设无纺布→反滤料铺设→雷诺护垫组装→安装及填充石料→雷诺护垫封盖。雷诺护垫应在平地完成组装，用吊车装铺设，尤其是在坡度较陡的施工区域。
11. 格宾护脚施工工艺：基槽开挖→搭设钢管架操作平台→铺设土工布→格宾笼水上单组组装并进行水下安装就位→格宾笼水下并组→装填卵石料→水下补料及平整→水下封盖→操作平台拆除。
12. 加筋麦克垫施工工艺：清除坡面→铺设种植土层→施肥、撒草籽→铺设麦克垫→锚固→喷洒湿润。
13. 填土要求：土方填筑采用黏土回填，回填土不得含植物根茎、垃圾等，分层夯实，分层厚度不大于25cm，压实度不小于0.91。
14. 填石要求：填石可采用块石或卵石，要求强度等级不小于MU30，不易水解，抗风化硬质岩石，填充空隙率不大于30%。雷诺护垫填石粒径以70～150mm为宜。
15. 聚酯长纤无纺布应根据实际情况考虑是否设计，其标称断裂强度10kN/m，详细指标参照GB/T 17639—2008《土工合成材料 长丝纺粘针刺非织造土工布》。
16. 未尽事宜严格按照国家标准执行，具体施工要求及流程详见图册NCHD-09。

湖南省农村小型水利工程典型设计图集　农村河道工程分册			
图名	加筋麦克垫+雷诺护垫护坡及格宾护脚设计图	图号	NCHD-06

加筋麦克垫+格宾护脚示意图

1∶50

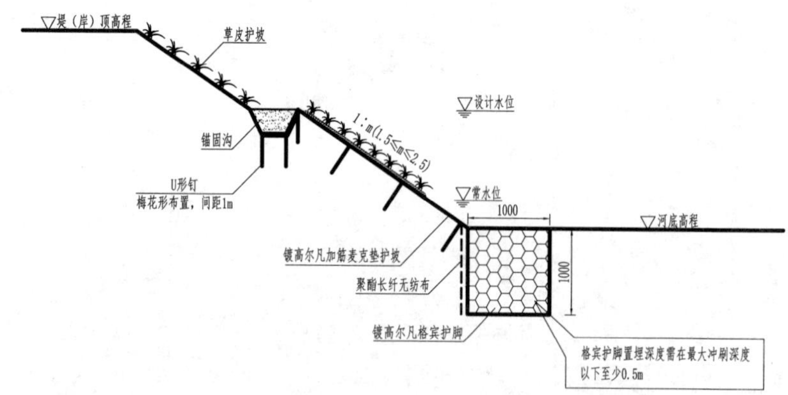

说明:

1. 本图高程以m计，其余尺寸单位以mm计。
2. 该方案适用于河道枯水期较长，或水流流速小于1.5m/s情况下的岸坡防护，边坡坡比应缓于1∶1.5，且为稳定岸坡。坡面采用加筋麦克垫防护，坡脚处采用格宾进行护脚，格宾后需铺设聚酯长纤无纺布反滤。
3. 加筋麦克垫是一种加筋的三维土工垫，它是将立体聚酯材料挤压于机编六边形双绞合钢丝网面上形成的。聚丙烯单位面积密度为500g/m^2±50g/m^2；加筋网面网孔规格为6cm×8cm，钢丝直径为φ2.2；空隙率>90%。
4. 加筋麦克垫顶部需埋入锚固沟，并用U形钉固定，U形钉采用φ8钢筋制作，梅花形布置，间距为1m；若坡度较陡固定困难，可适当增加U形钉用量。
5. 格宾护脚的埋深应在最大冲刷深度以下0.5m，加筋麦克垫抵抗流速详见加筋麦克垫抗冲说明。
6. 格宾与加筋麦克垫应根据不同的工程需要选用防腐镀层，对于一般的永久性工程多选用镀高尔凡防腐镀层。
7. 加筋麦克垫网面抗拉强度35kN/m，格宾网面抗拉强度50kN/m，均符合EN 10223—3《河道治理铅丝石笼》；雷诺护垫、格宾供货单位应提供由中国国家认证认可监督管理委员会认证的检测单位出具的网面抗拉强度检测报告，加筋麦克垫供货单位应提供由中国国家认证认可监督管理委员会认证的检测单位出具的网面抗拉强度检测报告以及聚合物剥离强度检测报告。
8. 格宾护脚施工工艺：基槽开挖→搭设钢管架操作平台→铺设土工布→格宾笼水上单组组装并进行水下安装就位→格宾笼水下并组→装填卵石料→水下补料及平整→水下封盖→操作平台拆除。
9. 加筋麦克垫施工工艺：清除坡面→铺设种植土层→施肥、撒草籽→铺设麦克垫→锚固→喷洒湿润。
10. 填土要求：土方填筑采用黏土回填，回填土不得含植物根茎、垃圾等，分层夯实，分层厚度不大于25cm，压实度不小于0.91。
11. 填石要求：填石可采用块石或卵石，要求强度等级不小于MU30，不易水解，抗风化硬质岩石，填充空隙率不大于30%。雷诺护垫填石粒径以70～150mm为宜。
12. 聚酯长纤无纺布应根据实际情况考虑是否设计，其标称断裂强度10kN/m，详细指标参照国标GB/T 17639—2008《土工合成材料 长丝纺粘针刺非织造土工布》。
13. 未尽事宜严格按照国家标准执行，具体施工要求及流程详见图册NCHD-09。

湖南省农村小型水利工程典型设计图集　农村河道工程分册			
图名	加筋麦克垫+格宾护脚设计图	图号	NCHD-07

加筋麦克垫+赛克格宾护脚示意图

1：50

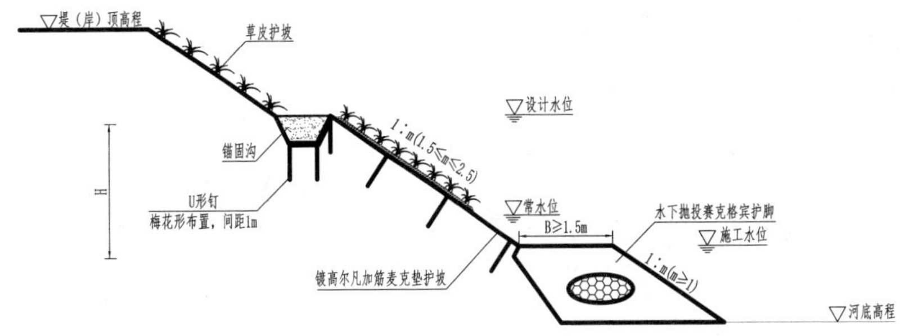

说明：

1. 本图高程以m计，其余尺寸单位以mm计。
2. 该方案适用于水下施工情况，当河道水流流速在小于1.5m/s时可采用加筋麦克垫进行岸坡防护，边坡坡比应缓于1：1.5，且为稳定岸坡，坡脚处采用水下抛投格宾的方式进行护脚，如有机械配合，可选用巨型赛克格宾进行水下施工；赛克格宾与抛投界面之间均需铺设聚酯长纤无纺布进行反滤。
3. 加筋麦克垫是一种加筋的三维土工垫，它是将立体聚酯材料挤压于机编六边形双绞合钢丝网面上形成的。聚丙烯单位面积密度为500g/m^2±50g/m^2；加筋网面网孔规格为6cm×8cm，钢丝直径为ϕ2.2；空隙率>90%。
4. 加筋麦克垫顶部需埋入锚固沟，并用U形钉固定，U形钉采用ϕ8钢筋制作，梅花形布置，间距为1m；若坡度较陡固定困难，可适当增加U形钉用量。
5. 加筋麦克垫抵抗流速详见加筋麦克垫抗冲说明。
6. 赛克格宾与加筋麦克垫应根据不同的工程需要选用防腐镀层，对于一般的永久性工程多选用镀高尔凡防腐镀层。
7. 加筋麦克垫网面抗拉强度35kN/m，赛克格宾网面抗拉强度50kN/m，均符合EN 10223—3《河道治理铅丝石笼》；雷诺护垫、格宾供货单位应提供由中国国家认证认可监督管理委员会认证的检测单位出具的网面抗拉强度检测报告，加筋麦克垫供货单位应提供由中国国家认证认可监督管理委员会认证的检测单位出具的网面抗拉强度检测报告以及聚合物剥离强度检测报告。
8. 赛克格宾护脚施工工艺：石笼网组装→填充石料→缝边→网丝表面涂层→水下抛投或吊装。
9. 加筋麦克垫施工工艺：清除坡面→铺设种植土层→施肥、撒草籽→铺设麦克垫→锚固→喷洒湿润。
10. 填土要求：土方填筑采用黏土回填，回填土不得含植物根茎、垃圾等，分层夯实，分层厚度不大于25cm，压实度不小于0.91。
11. 填石要求：填石可采用块石或卵石，要求强度等级不小于MU30，不易水解，抗风化硬质岩石，填充空隙率不大于30%。雷诺护垫填石粒径以70～150mm为宜。
12. 聚酯长纤无纺布应根据实际情况考虑是否设计，其标称断裂强度10kN/m，详细指标参照国标GB/T 17639—2008《土工合成材料 长丝纺粘针刺非织造土工布》。
13. 未尽事宜严格按照国家标准执行，具体施工要求及流程详见图册NCHD-09。

湖南省农村小型水利工程典型设计图集　农村河道工程分册			
图名	加筋麦克垫+赛克格宾护脚设计图	图号	NCHD-08

雷诺护垫施工要求与流程

雷诺护垫是将低碳钢丝经机器编制而成的双绞合六边形金属网格组合的工程构件，在构件中填石，构成主要用于冲刷防护的结构。

填充物采用卵石、片石或块石，雷诺护垫要求石料粒径D70～150mm为宜，赛克格宾要求石料粒径D100～250mm为宜，空隙率不超过30%，要求石料质地坚硬，强度等级不小于MU30，比重不小于2.5t/m^3，遇水不易崩解和水解，抗风化。薄片、条状等形状的石料不宜采用。风化岩石、泥岩等不得用作充填石料。

聚酯长纤无纺布PET10－4.5－200，标称断裂强度10kN/m，详细指标参照GB/T 17639—2008《土工合成材料 长丝纺粘针刺非织造土工布》。

（1）雷诺护坡施工按以下方法外，还应符合SL 260－2014《堤防工程施工规范》的有关规定。

（2）雷诺护坡施工工艺流程：

堤坡面平整，反滤料铺设，雷诺护垫组装，安装及填充，闭合盖子。

（3）雷诺护坡施工方法及技术要求：

1）堤坡面平整：坡面用反铲式挖掘机开挖成形，再进行人工修整，对于个别低洼部位，采用与基面相同的土料填平、压实，达到设计要求，堤面坡比不小于1∶1.5。表面土质合格，坡面平整，无松土、无弹簧土，干密度达到设计要求。

2）雷诺护垫组装：

①将雷诺护垫单元放在坚硬、平整的地面，将其打开，沿折叠处展开，并压成初始形状。雷诺护垫采用机编双绞合六边形金属网面结构，其单元规格的宽度为1～2m，高度为0.17m。

②将面板、背板和侧板交叠，组成一个开口箱体，端板也应竖起，同时将端板长出部分与侧板交叠。

③雷诺护垫在组装后，侧面，尾部和间隔都应竖立，并确保所有的折痕都在正确的位置，每个边的顶部都水平。最后用绞合钢丝把雷诺护垫的边连接。

3）安装及填充：

①安装：组装完成后，将护垫放在设计位置，并将相邻的护垫用绞合钢丝牢牢地绞合起来，为了结构的完整性，应将所有相邻的未填充的单元格接触面的边缘，用绞合钢丝或钢环连接起来，使之成为一个整体。

②填充：雷诺护垫可以采用符合粒径要求的鹅卵石或块石来填充。填充石头需坚硬且不易风化，石头粒径应在75～150mm。填充石料由备料场运至堤顶，然后通过挖掘机进行填石。

③闭合盖子。对雷诺护垫封盖施工前，需对装填时造成弯曲的隔板进行校正，对已装填的石头进行平整。最终确保所有横向、纵向边缘在同一直线上、坡面平整、不存在凹陷、凸起现象；铺上盖板，用剪好的1.3m长的钢丝将盖子边缘与边板边缘、盖板与隔板上边缘绞合在一起。

格宾护脚施工要求与流程

格宾是将由低碳钢丝经机器编制而成的双绞合六边形金属网格构件中填充石料，构成主要用于支挡防护的结构。

格宾填充物采用卵石、片石或块石。格宾石料粒径以D100～300mm为宜，格宾垫石料粒径以D100～250mm为宜，空隙率不超过30%。要求石料质地坚硬，强度等级≥MU30，遇水不易崩解和水解，抗风化。薄片、条状等形状的石料不宜采用。风化岩石、泥岩等不得用作充填石料。格宾靠墙面30cm范围内采取干砌的方式。

格宾护脚施工方法及注意事项：

（1）地基处理。把施工地进行平整处理，清除杂物。

（2）格宾石笼展开。将折叠的格宾石笼网箱从捆束中取出，展开至预定尺寸。

（3）格宾石笼组装。格宾石笼是由厂家组装的半成品，展开后需用绑扎丝进行连接绑扎。格宾石笼组装、扣紧程序：内隔板应垂直放置并应与格宾石笼面板绑扎、绞合，格宾笼（铅丝笼）间应绑扎、绞合。

（4）格宾石笼填石。装组装好的格宾石笼放置到合适位置，然后装填石料。装填可采用机器人工的方式，石料应符合相关要求。

（5）封盖。石料装填完成后，进行封盖。如果有需要，可在其表面覆上一层土洒上草籽。

加筋麦克垫施工要求与流程

格宾护脚施工方法及注意事项：

（1）场地准备、清理：采用挖掘机修整坡面，清除坡面的突岩和灌木等杂物，并在低洼处补填土、压实、人工平整坡面，人工铺设土工布，接缝处搭接长度不小于50cm。坡体表面保持2.5～5cm厚松散土层，以利于草籽快速生长。

（2）植草准备：麦克加筋垫用于控制侵蚀，在铺设麦克垫前，先在土壤上播种施肥或铺设完成后进行播种；若麦克垫用于植被加固，则在麦克垫铺设完成后，覆盖表土并播种（或喷种）。

（3）铺麦克加筋垫：一般采用与水流方向平行铺设，当要将麦克加筋垫与水流方向垂直铺设时，则需要保证两垫之间的搭接宽度（一般不小于8cm）同时要保证上游垫铺在下游垫之上。麦克加筋垫具有粗糙、平滑两面，将平滑面置于表土接触，沿坡面自上而下铺设。使用Φ8钢筋做成U形金属锚钉将麦克垫固定在坡面，锚钉间距为1m，钉入坡面以下50cm深。锚钉穿过钢丝网格锚固于地面，且与地面齐平，以提供的抗拔出力保持边坡稳定。

（4）锚固沟施工：将麦克加筋垫沿坡面简单折叠即可将其固定于地面，对于易侵蚀土壤，宜开挖一个距坡边缘0.6～1m，30cm深，1m宽的沟，将麦克加筋垫沿沟底进行锚固。

（5）锚固间距与交叠:锚固间距为沿坡顶边缘1m，沿距坡边缘0.6～1.0m的锚固沟底布置锚钉；对于坡脚为1∶1或更平缓的边坡及渠道护砌，在与坡角垂直方向，锚固间距采用1m；在与坡角平行方向，则用1.2m布置。麦克加筋垫边缘应至少有8cm的交叠，并将交叠部分锚固。若是麦克加筋垫且相邻两垫卷由锚固钉连接，或对于渠道护衬，由钢环连接，则能提供牢固紧密的连接，而无需交叠。

（6）坡面绿化:在撒种植土之前要将坡面进行清理，清除杂物。采用人工铺撒种植土，麦克加筋垫上撒种植土厚度为1～2cm。种植土铺撒好后，喷撒草种，然后立即覆土2～4mm，盖上无纺布防护。坡面禁止行驶机械，及时浇水养护。

湖南省农村小型水利工程典型设计图集　农村河道工程分册			
图名	三种河道护坡施工要求与流程	图号	NCHD-09

格宾挡墙护岸施工要求与流程

(1) 一般规定:

1) 格宾挡墙的基底及其密实度、基础网箱入土深度和轮廓线长度及宽度，要按图施工，符合设计要求。

2) 现场如遇较差的地基土质时，另作地基处理，水中抛石淤泥抛石挤淤处理后的地基必须符合设计要求。

3) 格宾网箱砌体应符合下列要求:

网箱组砌体平面位置必须符合设计图纸要求。网箱层与层间砌体应纵横交错、上下连接，严禁出现“通缝”。每层网箱组均应适当放置“丁”字箱体。砌体外露面应平整美观。

4) 格宾墙墙后填料应符合设计要求，墙后填土宜分层夯实，每层填土厚度宜控制在20cm，墙后散抛石须分层抛填，每层的控制厚度为30cm。

(2) 组装格宾箱:

1) 间隔网与网身应成90°相交，经绑扎形成长方形网箱组或网箱。

2) 绑扎线必须是与网线同材质的钢丝。

3) 每一道绑扎必须是双股线并绞紧。

4) 构成网箱组或网箱的各种网片交接处绑扎道数应符合以下要求:

间隔网与网身的四处交角各绑扎一道;

间隔网与网身交接处每间隔25cm绑扎一道;

间隔网与网身间的相邻框线，必须采用组合线连接。即用绑扎线——孔绕——圈接——孔绕二圈呈螺旋状穿孔绞绕连接。

5) 网箱组间连接绑扎、应符合下列要求:

相邻网箱组的上下四角各绑扎一道;

相邻网箱组的上下框线或折线，必须每间隔25cm绑扎一道;

相邻网箱组的网片结合面则每平方米绑扎2处，必须将下方网箱一并绑扎，以求连成一体;

6) 裸露部位的网片，应在每次箱内填石1/3高后设置拉筋线，呈八字形向内拉紧固定。

(3) 填充料施工:

1) 格宾网箱内填充料的规格质量，必须符合设计要求。

2) 必须同时均匀地向同层的各箱格内投料，严禁将单格网箱一次性投满。

3) 填料施工中，应控制每层投料厚度在30cm以下，一般一米高网箱分四层投料为宜。

4) 顶面填充石料宜适当高出网箱，且必须密实、空隙处宜以小碎石填塞。

5) 填充材料容重应不小于1.70t/m³。

6) 裸露的填充石料，表面应以人工或机械砌垒整平，石料间应相互搭接。

(4) 网箱封盖施工:

1) 封盖必须在顶部石料砌垒平整的基础上进行。

2) 必须先使用封盖夹固定每端相邻结点后，再加以绑扎。

3) 封盖与网箱边框相交线，应每相隔25cm绑扎一道。

4) 在一层网箱施工完成后，宜将墙后填料及时填至与网箱相平，现叠砌上一层网箱。

格宾挡墙护岸示意图

1∶50

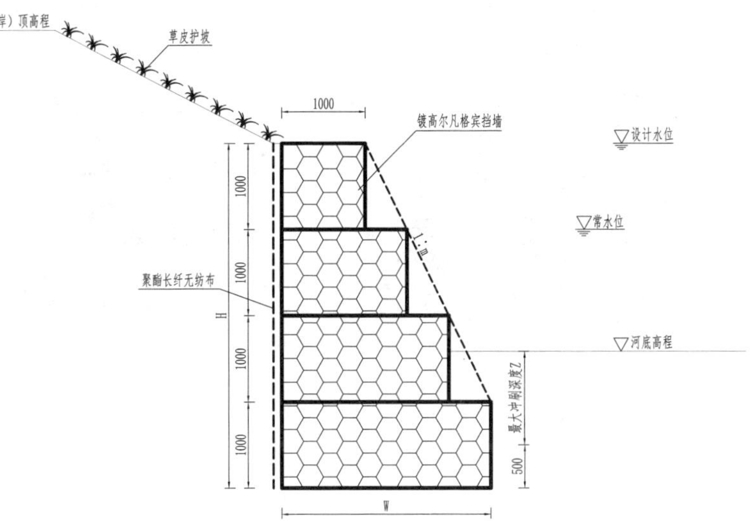

说明:

1. 本图高程以m计，其余尺寸单位以mm计。
2. 当护岸高度为2～4m时，可以采用重力式格宾挡墙进行防护，埋深应在最大冲刷深度以下0.5m; 格宾墙后应设置聚酯长纤无纺布进行反滤。
3. 格宾挡墙可根据工程实际需要选用不同的形式; 本图集中所提供的为格宾挡墙的标准断面，可根据不同工况及计算结果进行调整。
4. 格宾应根据不同的工程需要选用防腐镀层，对于一般的永久性工程多选用镀高尔凡防腐镀层。
5. 格宾挡墙地基承载力不小于90kPa。
6. 格宾网面抗拉强度50kN/m，均符合EN 10223—3《河道治理铅丝石笼》。雷诺护垫供货单位应提供由中国国家认证认可监督管理委员会认证的检测单位出具的网面抗拉强度检测报告。
7. 格宾挡墙施工工艺: 基坑开挖及清平→绑扎间隔网→格宾组装→石料填充→扎封箱盖→格宾墙后回填。
8. 填土要求: 土方填筑采用黏土回填，回填土不得含植物根茎、垃圾等，分层夯实，分层厚度不大于25cm，压实度不小于0.91。
9. 填石要求: 填石可采用块石或卵石，要求强度等级不小于MU30，不易水解，抗风化硬质岩石，填充空隙率不大于30%。雷诺护垫填石粒径以70～150mm为宜，格宾填石粒径以100～300mm为宜。
10. 聚酯长纤无纺布应根据实际情况考虑是否设计，其标称断裂强度10kN/m，详细指标参照GB/T 17639—2008《土工合成材料 长丝纺粘针刺非织造土工布》。
11. 未尽事宜严格按照国家标准执行。

湖南省农村小型水利工程典型设计图集　农村河道工程分册			
图名	格宾挡墙护岸设计图	图号	NCHD-10

覆高耐磨有机涂层格宾细部构件图

格宾结构示意图

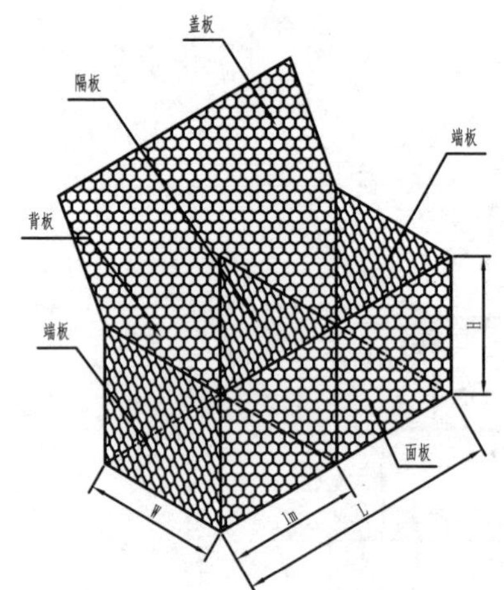

网孔示意图

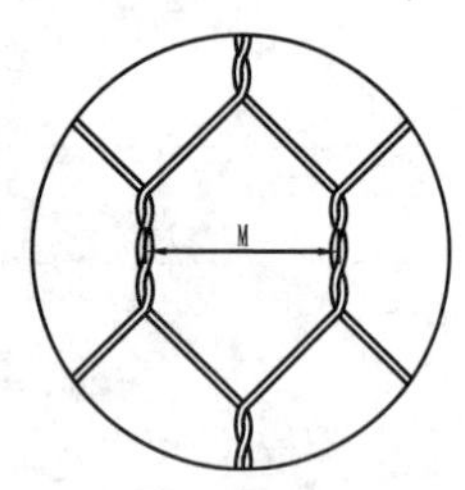

M值取不少于10个连续网孔双绞合轴线距离的平均值

绞边示意图

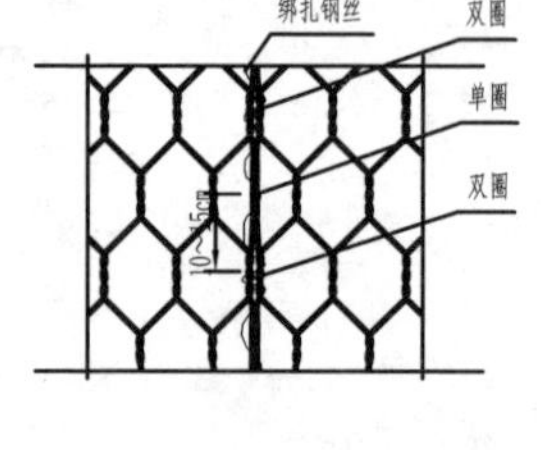

网面示意图

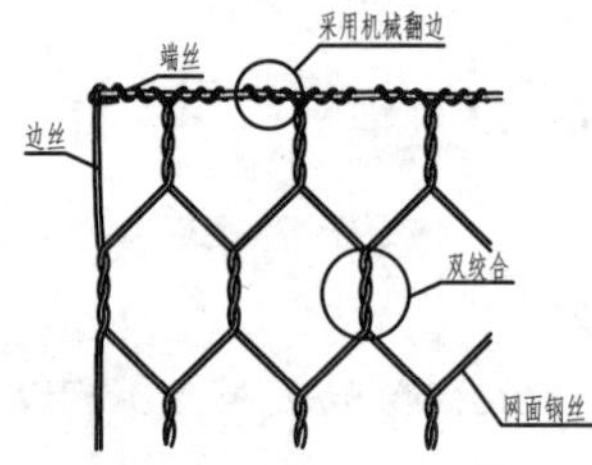

C形钉连接示意图

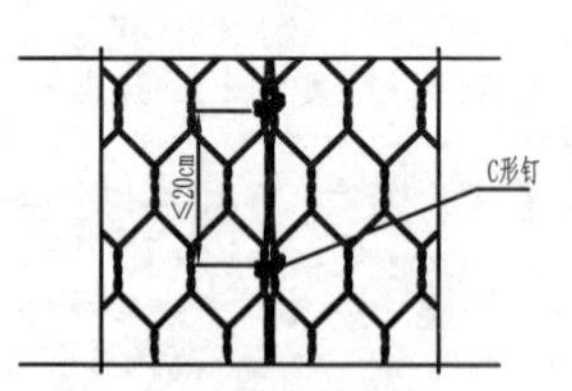

格宾技术参数表

网箱规格要求	产品名称	L=长度(m)	W=宽度(m)	H=高度(m)	隔板数(个)
	格宾/GFP	1.5/2	1	1	0/1
	注：G2×1×1 GFP，长度2m，宽度1m，高度1m的覆高耐磨有机涂层格宾。长度、宽度、高度允许偏差±5%				
网孔规格要求	网孔型号	M(mm)	公差(mm)	网面钢丝(mm)	
	M8	80	-0/+10	2.7/3.7	
钢丝及镀层要求	钢丝类型	网面钢丝	边丝	端丝	绑扎钢丝
	钢丝直径（mm）	2.7/3.7	3.4/4.4	3.4/4.4	2.0/3.0
	金属镀层克重（g/m^2）	≥233	≥252	≥252	≥205
	金属镀层铝含量（%）	≥4.2			
	有机涂层冲击脆化温度(℃)	≤-35			
	耐磨性能	参照JB/T 10696.6—2007的实验方法，对钢丝施加20N的垂直作用力，在刮磨100000次后，有机涂层不应破损			
注：1）用于编织网面的原材料钢丝应符合YB/T 4221—2016《工程机编钢丝网用钢丝》的要求； 2）表中钢丝直径分别为编织前原材料钢丝覆有机涂层之前和之后的钢丝直径； 3）有机涂层冲击脆化温度为有机涂层原材料指标，依据GB/T 5470—2008的实验方法； 4）金属镀层克重和铝含量均为编织后的成品指标，依据GB/T 1839和YB/T 4221—2016中附录A规定方法进行检测。					
力学性能要求	网面标称拉伸强度（kN/m）	42			
	网面标称翻边强度（kN/m）	35			
	C形钉最小拉开拉力值（kN）	≥2			
	产品钢丝外覆高耐磨有机涂层时，应取样进行拉伸试验，当对网面试件加载50%的网面标称拉伸强度荷载时，双绞合区域有机涂层不应出现破裂情况				

说明：

1. 格宾是采用六边形双绞合钢丝网制作而成的一种网箱结构，网面由覆高耐磨有机涂层低碳钢丝通过机器编织而成，符合YB/T 4190—2018《工程用机编钢丝网及组合体》的要求。格宾相关技术要求详见《格宾技术参数表》，格宾垂直于水平面的网面应采用竖向网孔的形式。
2. 格宾在工程现场组装后，应用于河岸衬砌、堰体和挡土墙等侵蚀控制或支挡防护工程，具有柔性、透水性、整体性和生态性等特点。
3. 力学要求：网面标称抗拉强度和网面标称翻边强度应满足《格宾技术参数表》中的要求，实验方法依据YB/T 4190—2018。网面裁剪后末端与端丝的连接处是整个结构的薄弱环节，需采用专业的翻边机将网面钢丝缠绕在端丝上，不得采用手工绞，供货厂家应提供由中国国家认证认可监督管理委员会认证的检测单位出具的网面拉伸强度和网面翻边强度检测报告。
4. 耐久性要求：有机涂层原材料应进行抗UV性能测试，测试时经过氙弧灯GB/T 16422.2《塑料 实验室光源暴露试验方法》照射4000h或Ⅰ型荧光紫外灯按暴露方式1(GB/T 16422.3)照射2500h后，其延伸率和抗拉强度变化范围，不得大于初始值的25%。供货厂家需提供由中国国家认证认可监督管理委员会认证的检测单位出具的抗UV性能测试报告。
5. 连接工艺可采用绑扎钢丝连接或C形钉连接，详见图示；绑扎钢丝的材质与力学性能指标应与网面钢丝一致；C形钉由不锈钢钢丝制成，最小拉开力值满足《格宾技术参数表》中的要求，依据YB/T 4190—2018中附录C规定方法进行检测。
6. 格宾的安装应在专业厂家技术人员的指导下完成。

湖南省农村小型水利工程典型设计图集 农村河道工程分册			
图名	格宾细部构件图	图号	NCHD-11

覆高耐磨有机涂层雷诺护垫（双隔板）细部构件图

雷诺护垫结构示意图

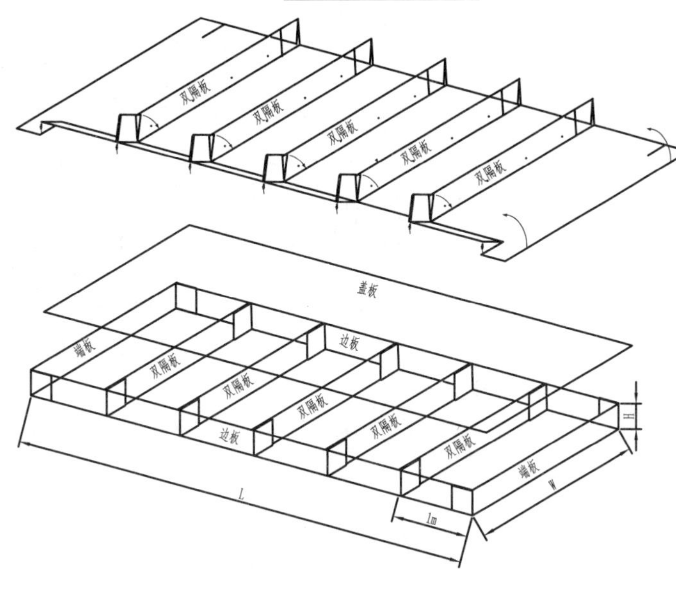

网孔示意图

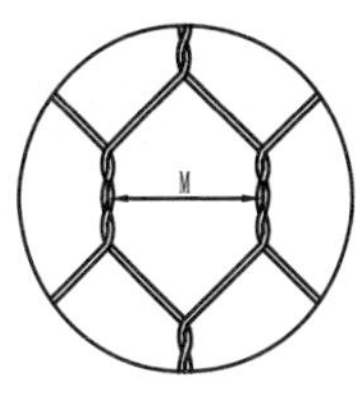

M值取不少于10个连续网孔双绞合轴线距离的平均值。

双隔板细部图

雷诺护垫技术参数表

网垫规格要求	产品名称	L=长度(m)	W=宽度(m)	H=高度(m)	隔板数(个)
	雷诺护垫/GFP	3/4/5/6	3	0.17/0.23/0.3	2/3/4/5
	注：CM6×3×0.17 GFP，长度6m，宽度3m，高度0.17m的覆高耐磨有机涂层雷诺护垫。长度、宽度允许偏差±5%，高度允许偏差±2.5cm。				
网孔规格要求	网孔型号	M(mm)	公差(mm)	网面钢丝(mm)	
	M6	60	-0/+8	2.0/3.0	
钢丝及镀层要求	钢丝类型	网面钢丝	边丝	端丝	绑扎钢丝
	钢丝直径（mm）	2.0/3.0	2.4/3.4	2.7/3.7	2.0/3.0
	金属镀层克重（g/m^2）	≥205	≥219	≥233	≥205
	金属镀层铝含量（%）	≥4.2			
	有机涂层冲击脆化温度（℃）	≤-35			
	耐磨性能	参照JB/T 10696.6—2007的实验方法，对钢丝施加20N的垂直作用力，在刮磨100000次后，有机涂层不应破损			
注：1）用于编织网面的原材料钢丝应符合YB/T 4221—2016《工程机编钢丝网用钢丝》的要求；2）表中钢丝直径分别为编织前原材料钢丝覆有机涂层之前和之后的钢丝直径；3）有机涂层冲击脆化温度为有机涂层原材料指标，依据GB/T 5470—2008的实验方法；4）金属镀层克重和铝含量均为编织后的成品指标，依据GB/T 1839和YB/T 4221—2016中附录A规定方法进行检测。					
力学性能要求	网面标称拉伸强度（kN/m）	28			
	网面标称翻边强度（kN/m）	21			
	C形钉最小拉开拉力值（kN）	≥2			
	产品钢丝外覆高耐磨有机涂层时，应取样进行拉伸试验，当对网面试件加载50%的网面标称拉伸强度荷载时，双绞合区域有机涂层不应出现破裂情况				

说明：

1. 雷诺护垫是采用六边形双绞合钢丝网制作而成的一种网垫结构，网面由覆高耐磨有机涂层低碳钢丝通过机器编织而成，符合YB/T 4190—2018《工程用机编钢丝网及组合体》的要求。雷诺护垫相关技术要求详见《雷诺护垫技术参数表》。
2. 双隔板雷诺护垫沿长度方向每间隔约1m采用双隔板隔成独立的单元，雷诺护垫为一次成型生产，除盖板外，边板、端板、隔板及底板由一张连续不裁断的网面组成，不可采用独立的双层折叠网面通过绞合在底板上作为双隔板。
3. 雷诺护垫在工程现场组装后，应用于河岸防护、渠道衬砌等侵蚀控制工程，具有柔性、透水性、整体性和生态性等特点。
4. 力学要求：网面标称抗拉强度和网面标称翻边强度应满足《雷诺护垫技术参数表》中的要求，实验方法依据YB/T 4190—2018。网面裁剪后末端与端丝的连接处是整个结构的薄弱环节，需采用专业的翻边机将网面钢丝缠绕在端丝上，不得采用手工绞，供货厂家需提供由中国国家认证认可监督管理委员会认证的检测单位出具的网面拉伸强度和网面翻边强度检测报告。
5. 耐久性要求：有机涂层原材料应进行抗UV性能测试，测试时经过氙弧灯GB/T 16422.2《塑料 实验室光源暴露试验方法》照射4000h或Ⅰ型荧光紫外灯按暴露方式1(GB/T 16422.3)照射2500h后，其延伸率和抗拉强度变化范围，不得大于初始值的25%。供货厂家应提供由中国国家认证认可监督管理委员会认证的检测单位出具的抗UV性能测试报告。
6. 连接工艺可采用绑扎钢丝连接或C形钉连接，详见图示；绑扎钢丝的材质与力学性能指标应与网面钢丝一致；C形钉由不锈钢钢丝制成，最小拉开拉力值满足《雷诺护垫技术参数表》中的要求，依据YB/T 4190—2018中附录C规定方法进行检测。
7. 雷诺护垫的安装应在专业厂家技术人员的指导下完成。

网面示意图

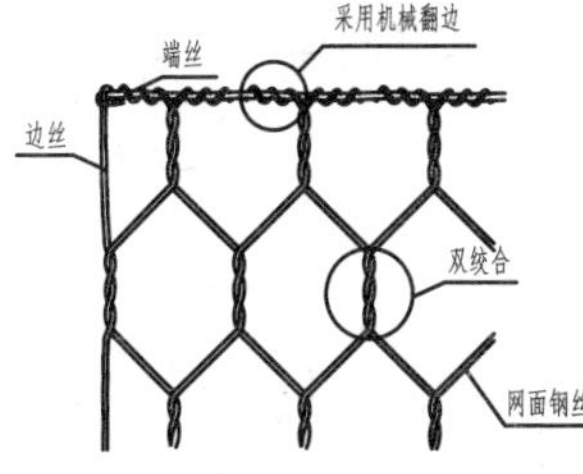

C形钉连接示意图

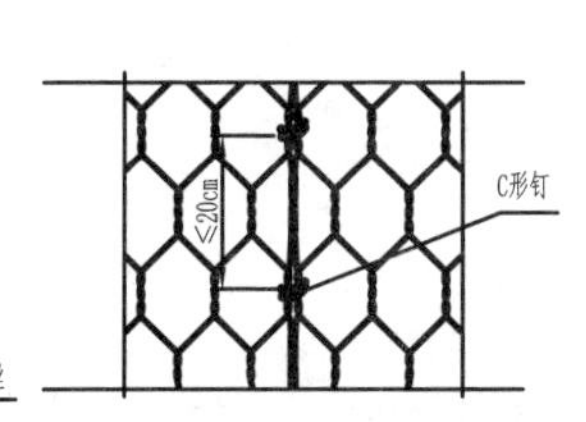

绞边示意图

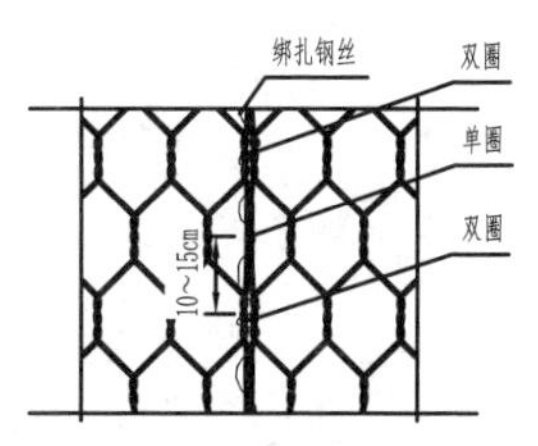

湖南省农村小型水利工程典型设计图集　农村河道工程分册			
图名	雷诺护垫细部构件图	图号	NCHD-12

加筋麦克垫细部构件图

加筋麦克垫护坡平面布置图

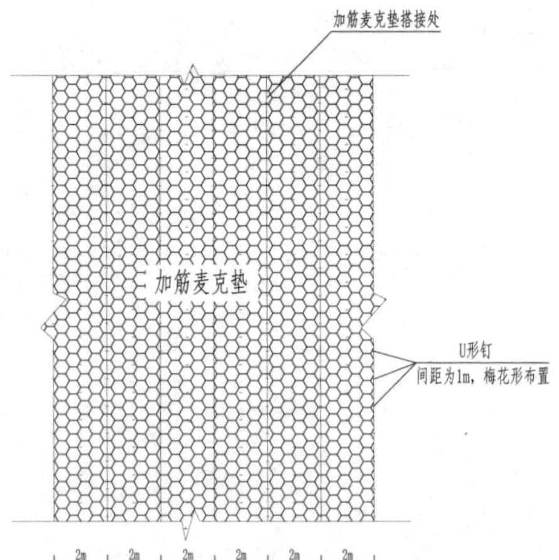

U形钉示意图

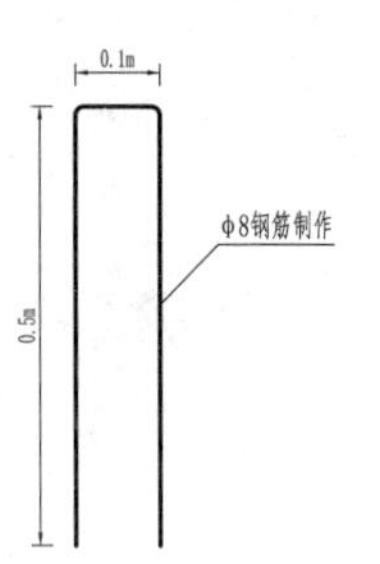

顶部锚固示意图

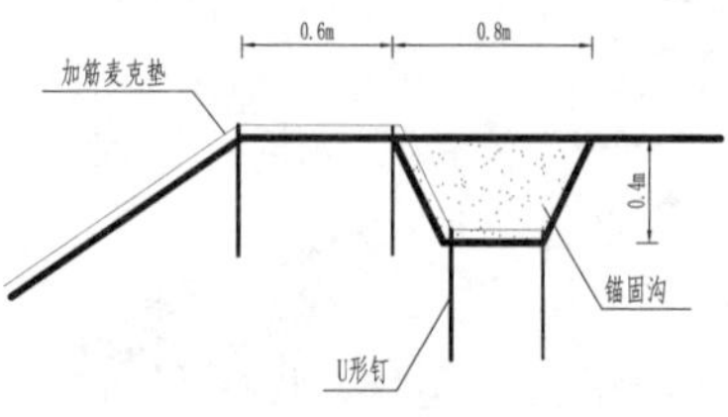

加筋麦克垫绿化示意图

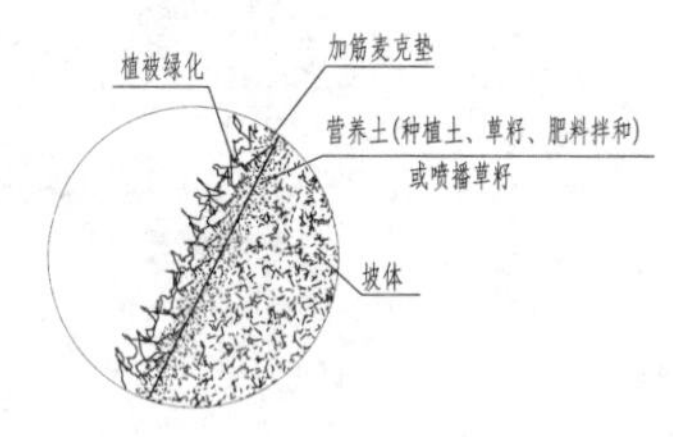

说明:

1.加筋麦克垫要求:

(1)加筋麦克垫结合了加筋麦克垫和高性能生态基材。加筋麦克垫能很好地抗侵蚀，使其具有边坡有更强的防冲刷结构，且能及时为边坡提供保护、为植被的根系提供永久加筋作用;高性能生态基材能加速植被的生长和根系的发育。

(2)高性能生态基材为标准化生产的天然无害组合配方成品材料，现场拆包后，与植物种子混合后利用专业设备喷射施工，植物种子应根据当地情况选取，可选用麦冬草籽等，能在坡面形成一层均匀包裹种子的纤维植生毯，具有改善土壤环境、覆盖、保温、保水、加速植物生长及壮根的功能，具体材料成分及参数要求详见高性能生态基材参数表。

(3)U形钉采用φ8型钢筋制作，梅花形布置，间距1m。

(4)加筋麦克垫的施工应在专业厂家的指导下进行。

2.营养土要求:

(1)土壤应取样送至当地农科院土肥所进行检测，各项检测指标(如:容重、孔隙度、pH值及有机物含量)符合当地绿化用土要求

(2)土壤需与肥料按一定比例进行拌和处理;

(3)土壤中不得含有杂草根系、垃圾及其他有害物质。

3.草籽要求:

(1)草籽应选用适应当地自然气候条件的植物种，供应商应提供合格检测证明;

(2)选择优良合格种籽，播种前应做发芽试验和催芽处理，确定合理的播种量;

(3)植物种子采用草本、灌木和花卉组合使用。

4.施工及养护:

(1)应选择植被生长季节进行，降雨期不宜进行绿化施工;

(2)完工当天应覆盖无纺布覆盖洒水养护，待草长至5~6cm或2~3片叶时揭去无纺布;

(3)养护用水各项指标应满足边坡绿化用水要求，可取样送当地农科院检测;

(4)根据土壤肥力、湿度、天气及植被生长情况，酌情追施化肥并洒水养护，太阳大时，应在下午16时之后进行洒水养护。

5.绿化验收:

严格按照城市园林施工绿化验收相关规范执行。

加筋麦克垫技术参数表

聚合物指标	聚合物类型		聚丙烯
	聚合物单位面积质量	g/m²	450±45
加筋性能	类型		覆高耐磨有机涂层六边形双绞合钢丝网
	网孔型号		M8
	网孔尺寸(M)	mm	80 (-0/+10)
	网面钢丝直径	mm	2.0
	金属镀层克重	g/m²	≥205
	铝含量	%	≥4.2
	有机涂层冲击脆化温度	℃	≤-35
	耐磨性能		参照JB/T 10696.6—2007的实验方法，对钢丝施加20N的垂直作用力，在刮磨100000次后，有机涂层不应破损
注: 1)用于编织网面的原材料钢丝应符合YB/T 4221—2016《工程机编钢丝网用钢丝》的要求; 2)表中钢丝直径分别为编织前原材料钢丝覆有机涂 层之前和之后的钢丝直径; 3)有机涂层冲击脆化温度为有机涂层原材料指标，依据GB/T 5470—2008的实验方法; 4)金属镀层克重和铝含量均为编织后的成品指标，依据GB/T 1839和YB/T 4221—2016中附录A规定方法进行检测。			
力学性能要求	加筋网面标称拉伸强度	kN/m	≥24
	聚合物剥离强度	kN/m	≥0.3
产品钢丝外覆高耐磨有机涂层时，应取样进行拉伸试验，当对网面试件加载50%的网面标称拉伸强度荷载时，双绞合区域有机涂层不应出现破裂情况。			
物理特征	单位面积质量	g/m²	1200±200
	2kPa名义厚度	mm	12
	土工垫颜色		默认为黑色(另:绿色或棕色供选择)
	长度/卷	m	25(0/+1%)
	宽度/卷	m	2.0(±5%)
高性能生态基材			
基本性能	保水能力	ATSM D7367	≥1400%
	覆盖系数	大规模测试 覆盖系数=处理后土壤流失/未处理土壤流失	≤0.01
	植被培养	ATSM D7322	≥600%
	生物毒性	EPA 2021.0	48-hr LC50 > 100%
成分比例	热处理木纤维		77%
	保湿剂		18%
	褶皱状人造可生物降解互锁纤维		2.5%
	矿物活化剂		2.5%

湖南省农村小型水利工程典型设计图集　农村河道工程分册			
图名	加筋麦克垫细部构件图	图号	NCHD-13

赛克格宾(巨型)细部构件图

运到现场的赛克格宾单元示意图

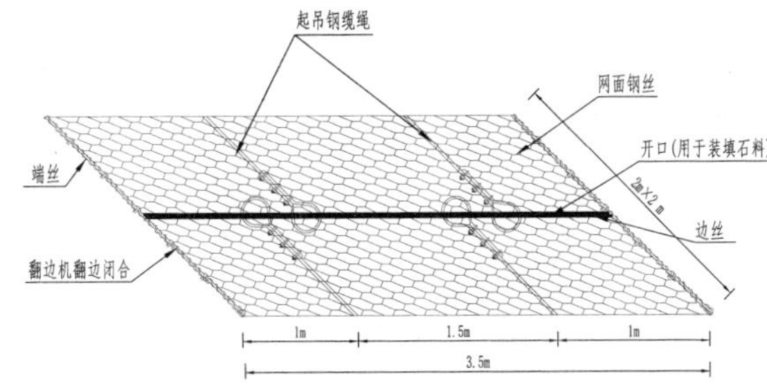

由一张网面折叠而成，两端用翻边机将折叠后的两张网面钢 丝末端缠绕在一根更粗的钢丝上，侧面开口装填石料后用钢丝绞合

机械翻边示意图

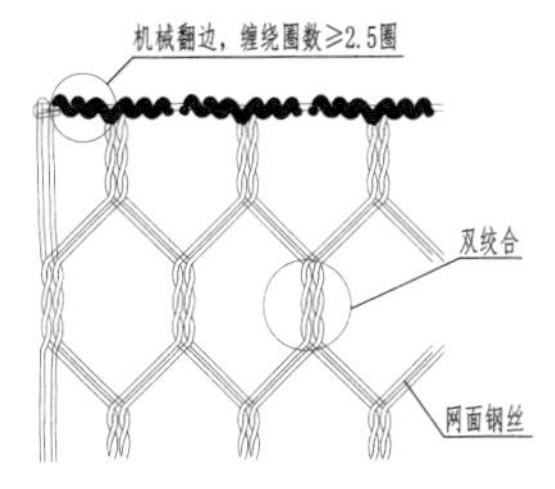

网孔示意图

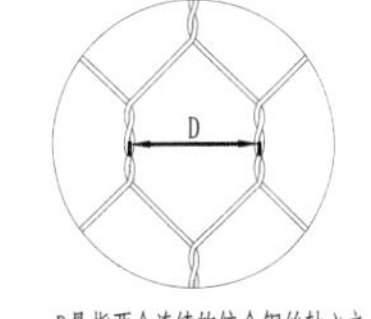

D是指两个连续的绞合钢丝轴心之间的距离。确定公差时取10个连续网格的平均值

绳卡示意图

赛克格宾安装示意图

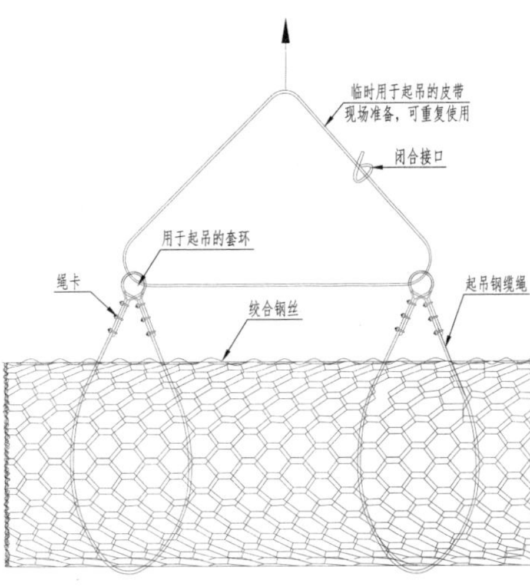

起吊钢缆绳示意图

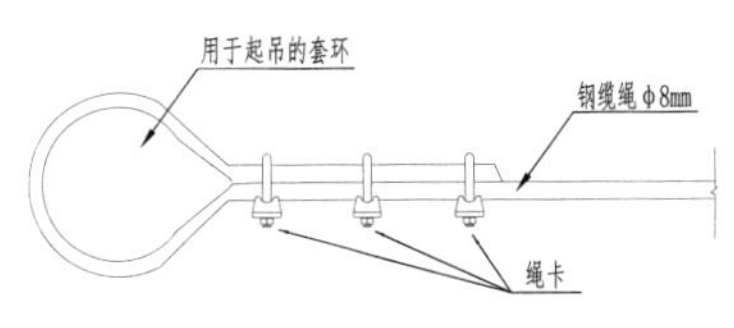

赛克格宾技术参数表

网兜规格要求	产品名称	L=长度(m)	W=宽度(m)	设计装填量(m^3)	
	巨型赛克格宾/GFP	3.5	2	3	
	注：BSG 3.5×2 GFP，长度3.5m，宽度2m的覆高耐磨有机涂层赛克格宾。长度、宽度允许偏差±5%。				
网孔规格要求	网孔型号	M(mm)	公差(mm)	网面钢丝(mm)	
	M8	80	-0/+10	2.7/3.7	
钢丝及镀层要求	钢丝类型	网面钢丝	边丝	端丝	绑扎钢丝
	钢丝直径 (mm)	2.7/3.7	3.4/4.4	3.4/4.4	2.2/3.2
	金属镀层克重 (g/m^2)	≥233	≥252	≥252	≥219
	金属镀层铝含量 (%)	≥4.2			
	有机涂层冲击脆化温度 (℃)	≤-35			
	耐磨性能	参照JB/T 10696.6—2007的实验方法，对钢丝施加20N的垂直作用力，在刮磨100000次后，有机涂层不应破损			
注： 1）用于编织网面的原材料钢丝应符合YB/T 4221—2016《工程机编钢丝网用钢丝》的要求； 2）表中钢丝直径分别为编织前原材料钢丝覆有机涂层之前和之后的钢丝直径； 3）有机涂层冲击脆化温度为有机涂层原材料指标，依据GB/T 5470—2008的实验方法； 4）金属镀层克重和铝含量均为编织后的成品指标，依据GB/T 1839和YB/T 4221—2016中附录A规定方法进行检测。					
力学性能要求	网面标称拉伸强度	42kN/m	网面标称翻边强度	35kN/m	
	产品钢丝外覆高耐磨有机涂层时，应取样进行拉伸试验，当对网面试件加载50%的网面标称拉伸强度荷载时，双绞合区域有机涂层不应出现破裂情况				

说明：

1. 赛克格宾是采用六边形双绞合钢丝网制作而成的一种网兜结构，网面由覆高耐磨有机涂层低碳钢丝通过机器编织而成，符合YB/T 4190—2018《工程用机编钢丝及组合体》的要求。赛克格宾相关技术要求详见《赛克格宾技术参数表》。
2. 赛克格宾在工程现场组装后，应用于岸坡防护和各种应急工程，具有柔性、透水性、整体性和生态性等特点。
3. 力学要求：网面标称抗拉强度和网面标称翻边强度应满足《赛克格宾技术参数表》中的要求，实验方法依据YB/T 4190—2018。网面裁剪后末端与端丝的连接处是整个结构的薄弱环节，应采用专业的翻边机将网面钢丝缠绕在端丝上，不得采用手工绞，供货厂家应提供由中国国家认证认可监督管理委员会认证的检测单位出具的网面拉伸强度和网面翻边强度检测报告。
4. 耐久性要求：有机涂层原材料应进行抗UV性能测试，测试时经过氙弧灯GB/T 16422.2《塑料 实验室光源暴露试验方法》照射4000h或Ⅰ型荧光紫外灯按暴露方式1GB/T 16422.3照射2500h后，其延伸率和抗拉强度变化范围，不得大于初始值的25%。供货厂家应提供由中国国家认证认可监督管理委员会认证的检测单位出具的抗UV性能测试报告。
5. 赛克格宾的安装应在专业厂家技术人员的指导下完成。

湖南省农村小型水利工程典型设计图集　农村河道工程分册			
图名	巨型赛克格宾细部构件图	图号	NCHD-14

雷诺护垫+框格组合护坡平面图

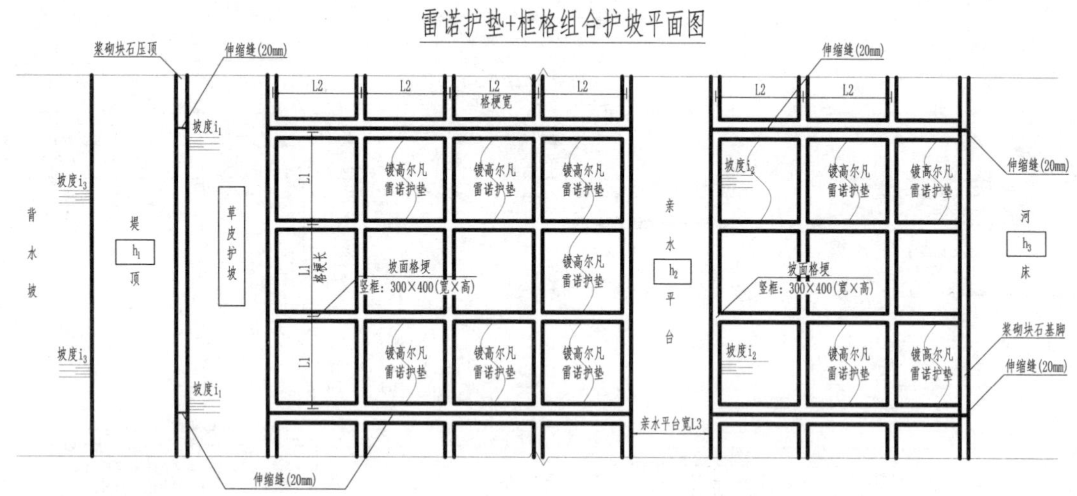

雷诺护垫/格宾垫厚度对应水流流速参数

类型	厚度	填充石料		临界流速（m/s）	极限流速（m/s）
		石料规格（mm）	d50		
雷诺护垫	0.17	70-100	0.085	3.5	4.2
		70-150	0.110	4.2	4.5
	0.23	70-100	0.085	3.6	5.5
		70-150	0.120	4.5	6.1
	0.30	70-120	0.100	4.2	5.5
		70-150	0.125	5.0	6.4
格宾垫	0.50	100-200	0.150	5.8	7.6
		120-250	0.190	6.4	8.0

雷诺护垫+框格组合护坡示意图

1：150

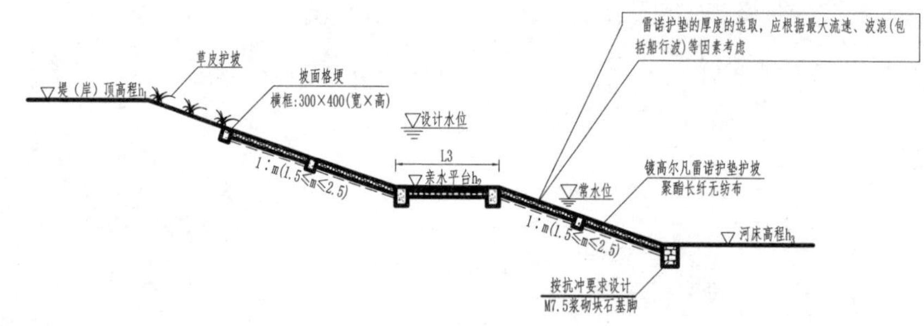

说明：

1. 本图高程以m计，其余尺寸单位以mm计。
2. 该方案适用于岸坡抗冲性较差且有景观需求的情况。
3. 混凝土框格采用现浇形式，其混凝土强度等级为C25，水灰比不大于0.6，抗渗等级为W2。框格宽度一般为4.0m。
4. 雷诺护垫具体尺寸应按相关技术规范确定。
5. 压顶和压脚材料采用浆砌块石或混凝土结构，每隔10m设一道2cm厚分缝，缝内填闭孔聚氯乙烯泡沫板或沥青杉板。
6. 雷诺护垫施工工艺：堤坡面平整→铺设无纺布→反滤料铺设→雷诺护垫组装→安装及填充石料→雷诺护垫封盖。雷诺护垫应在平地完成组装，用吊车装铺设，尤其是在坡度较陡的施工区域。
7. 框架梁施工工艺：施工准备→测量放样→基础开挖→钢筋绑扎→立模板→混凝土浇筑→修整边坡→铺设雷诺护垫。
8. 具体施工要求及流程详见图册NCHD-09及NCHD-29。
9. 聚酯长纤无纺布应根据实际情况考虑是否设计，其标称断裂强度10kN/m，详细指标参照GB/T 17639—2008《土工合成材料 长丝纺粘针刺非织造土工布》。
10. 亲水平台宽度L视工程实际情况决定。

湖南省农村小型水利工程典型设计图集　农村河道工程分册			
图名	雷诺护垫+框格组合护坡设计图	图号	NCHD-15

浆砌石+雷诺护垫组合护坡平面图

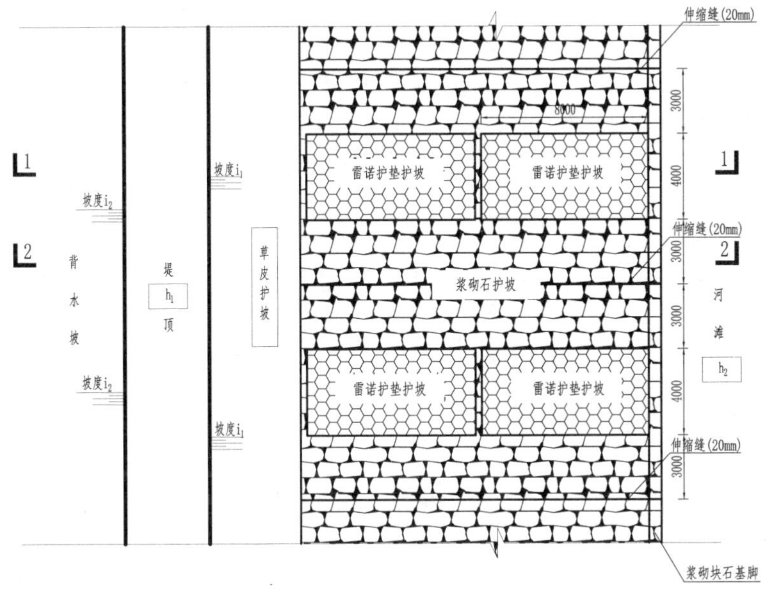

砌筑石料物理力学性质

项目	质量标准
天然密度	不小于2.4t/m^3
饱和极限抗压强度	不小于45MPa
最大吸水率	不大于10%
软化系数	一般岩石不小于0.7或符合设计要求

1-1剖面图

1∶150

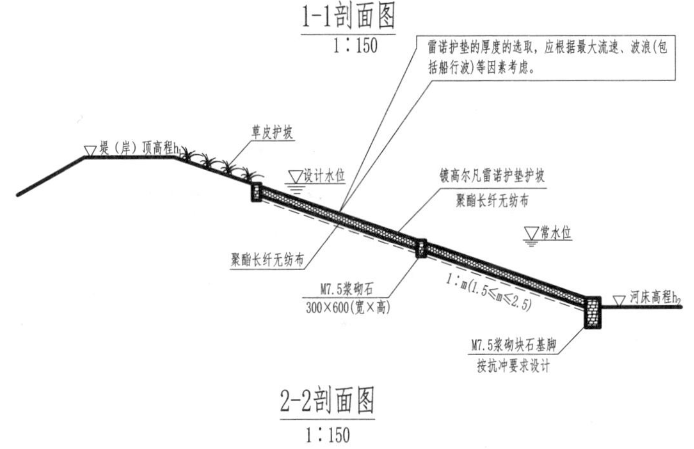

2-2剖面图

1∶150

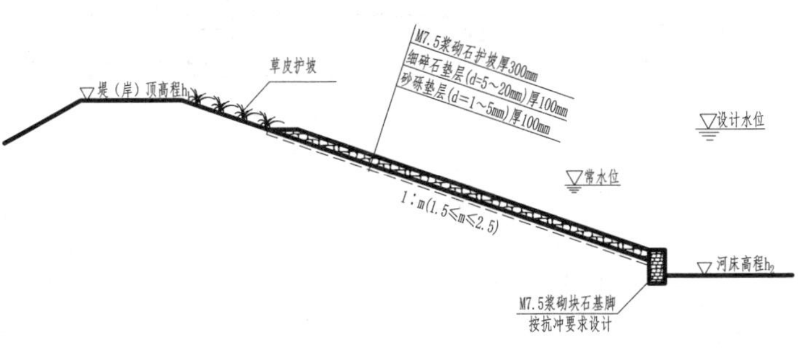

说明:

1. 本图高程以m计，其余尺寸单位以mm计。
2. 该方案适用于m≥1.5的稳定边坡的情况。
3. 浆砌石石块应选用材质应坚实新鲜，无风化剥落层或裂纹，石材表面无污垢、水锈等杂质。块石应大致方正，上下面大致平整，无尖角，石料的尖锐边角应凿去。所有垂直于外露面的镶面石的表面凹陷深度不得大于20mm。石料最小尺寸不宜小50cm。一般长条形丁向砌筑，不得顺长使用。
4. 雷诺护垫具体尺寸应按相关技术规范确定，具体施工要求及流程详见图册NCHD-09。
5. 压顶和压脚材料采用浆砌块石或混凝土结构，每隔10m设一道2cm厚分缝，缝内填闭孔聚氯乙烯泡沫板或沥青杉板。
6. 雷诺护垫施工工艺：堤坡面平整→铺设无纺布→反滤料铺设→雷诺护垫组装→安装及填充石料→雷诺护垫封盖。雷诺护垫应在平地完成组装，用吊车装铺设，尤其是在坡度较陡的施工区域。
7. 浆砌石护坡施工工艺：测量放线→坡面修整→基础开挖→砂砾垫层铺设→基础、坡面浆砌→勾缝→表面清理→伸缩缝填嵌→养护。
8. 聚酯长纤无纺布应根据实际情况考虑是否设计，其标称断裂强度10kN/m，详细指标参照GB/T 17639—2008《土工合成材料 长丝纺粘针刺非织造土工布》。
9. 必须严格按国家和地方现行的各种相关规范、规程、规章条例进行施工，确保施工安全。

湖南省农村小型水利工程典型设计图集　农村河道工程分册			
图名	浆砌石+雷诺护垫组合护坡设计图	图号	NCHD-16

生态袋护坡示意图

1∶100

▽堤（岸）顶高程

分层夯填亚黏土

原地面线

清基线

生态袋

1∶n（m≤2.5）

▽设计水位

特选草本植物

▽常水位

1∶n（n≤2.5）

▽河床高程

800

1000

M7.5浆砌石挡墙

生态袋护坡施工要求与流程

生态袋护坡通过将装满植物生长基质的生态袋沿边坡表面层层堆叠的方式在边坡表面形成一层适宜植物生长的环境，同时通过专利的连接配件将袋与袋之间，层与层之间，生态袋与边坡表面之间完全紧密的结合起来，达到牢固的护坡作用，同时随之植物在其上的生长，进一步的将边坡固定然后在堆叠好的袋面采用绿化手段播种或栽植植物，达到恢复植被的目的。

生态袋护坡施工方法及注意事项：

（1）施工准备：

做好人员、机具、材料、准备。挖好基础。

（2）清坡：

清除坡面浮石、浮根，尽可能平整坡面。

（3）生态袋填充：

将基质材料填装入生态袋内。采用封口扎带（高强度、抗紫外线）或现场用小型封口机封制。

注：每垒砌四平方米生态袋墙体中有一生态袋填充中粗砂以利排水。

（4）生态袋和生态袋结构扣及加筋格栅的施工：

基础和上层形成的结构：将生态袋结构扣水平放置两个袋子之间在靠近袋子边缘的地方，以便每一个生态袋结构扣跨度两个袋子，摇晃扎实袋子以便每一个标准扣刺穿袋子的中腹正下面。每层袋子铺设完成后在上面放置木板并由人在上面行走踩踏，这一操作是用来确保生态袋结构扣和生态袋之间良好的连接。铺设袋子时，注意把袋子的缝线结合一侧向内摆放，每垒砌三层生态袋便铺设一层加筋格栅，加筋格栅一端固定在生态袋结构扣。

（5）绿化施工：

a.喷播。采用液压喷播的方式对构筑好的生态袋墙面进行喷播绿化施工，然后加盖无纺布，浇水养护。

b.栽植灌木。对照苗木带的土球大小，用刀把生态袋切割一“丁”字小口，同时揭开被切的袋片；用花铲将被切位置土壤取出至适合所带土球大小，被取土壤堆置于切口旁边；用枝剪把苗木的营养袋剪开，完全露出土球，适当修剪苗木根系与枝叶；把苗木放到土穴中，然后用花铲将土壤回填到土穴缝边，同时扎土，直到回填完好，并且盖好袋片；对于刚插植完的苗木，必须浇透淋根水；后期按绿化规范管养。

生态袋摆放正视图

1∶20

生态袋摆放俯视图

1∶20

第一层

第二层

生态袋尺寸参考大样图

1∶20

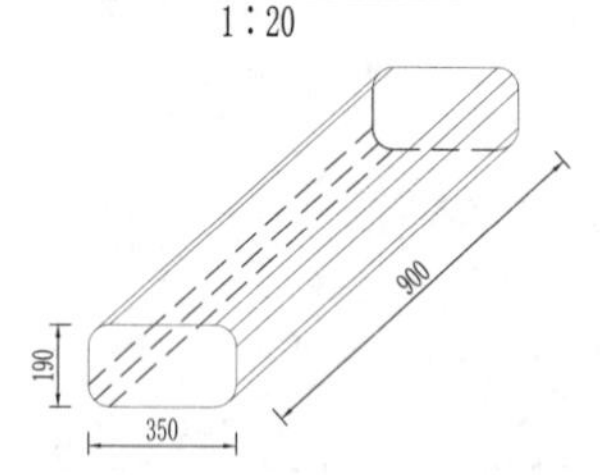

说明：

1.本图高程以m计，其余尺寸单位以mm计。

2.该方案适用于民居临岸或已建有防洪堤的河段。

3.对原有边坡先进行修整，清除杂物，杂草等。沟坎应填平整。回填土压实度不低于91%。

4.生态袋常水位下以下装填中粗砂，常水位以上装填砂土，配合比为中粗砂：黏土=9∶1.搀和蘑菇肥以利植被生长，有机肥加入量按3kg/m^2。

5.植被采用狗牙根、高羊毛、麦冬、芦苇。植被养护期一定应保证浇水量和浇水次数。

6.生态袋护坡施工工艺流程如下：施工准备→坡面修整→砂土料运输→填充、堆砌生态袋→加筋格栅安装→打锚杆→回填填料→清除坡面→喷播绿化→植被养护。

7.生态袋材料握持抗拉强度为335N，等效孔径O95为0.20。

8.在护砌高度高且坡面较陡的工作面，应考虑加装加筋格栅以保证护坡的稳定性。

9.生态边坡底层将生态袋横向垂直坡面摆放作为基础与抛石挤淤层结合，以加强边坡稳定，基础施工应保证最下层生态袋在基础齿槽内，防止滑动。

10.必须严格按国家和地方现行的各种相关规范、规程、规章条例进行施工，确保施工安全。

六角块构件护坡示意图

1∶20

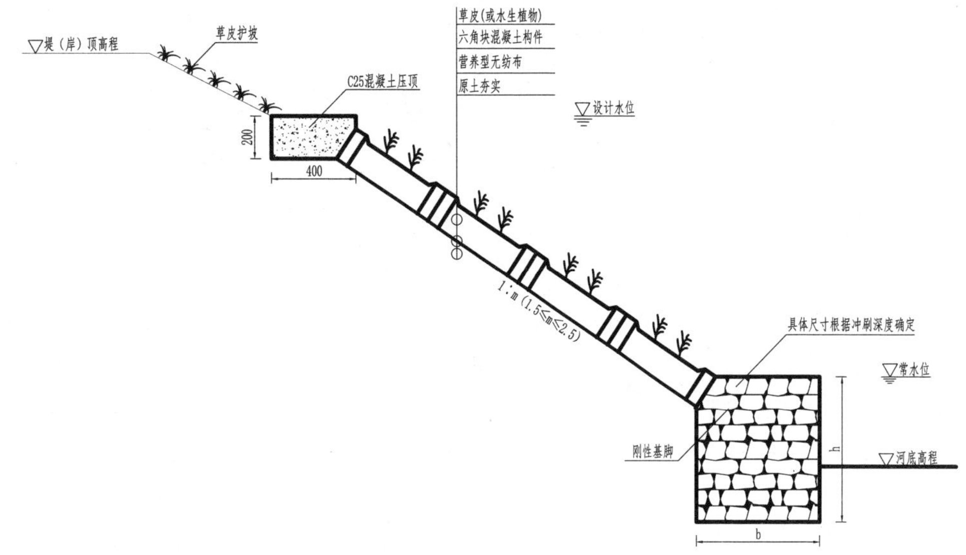

空心六角块构件铺设平面图

1∶20

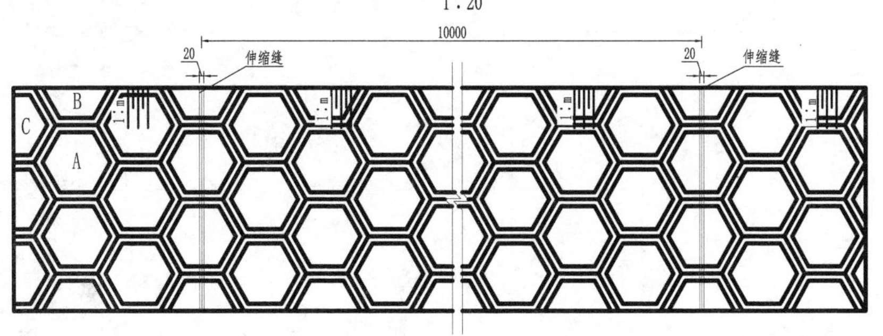

说明：

1. 本图高程以m计，其余尺寸单位以mm计。
2. 该方案适用于有生态修复和景观要求的情况。
3. 护坡每隔10m设一道伸缩缝，缝宽20mm，缝间用沥青砂浆填缝。
4. 护坡采用12～15cm厚空心六角块混凝土构件，其混凝土强度等级为C25，水灰比不大于0.6，抗渗等级为W2。
5. 压顶和压脚材料采用浆砌块石或混凝土结构。
6. 营养型无纺布为反滤层和营养层复合结构，规格为300～400g/m。
7. 空心六角块内填筑种植土或生态混凝土后植草（或水生植物）护坡，块间用M10水泥混合砂浆勾缝。
8. 六角块构件护坡施工工艺：施工准备→测量放样→修整边坡→基础开挖→基础砌筑→混凝土预制块铺设→回填耕植土→边沟施工→竣工验收
9. 未尽事宜严格按照国家标准执行，具体施工要求及流程详见图册NCHD-09。

湖南省农村小型水利工程典型设计图集		农村河道工程分册	
图名	六角块构件护坡设计图(1/2)	图号	NCHD-18

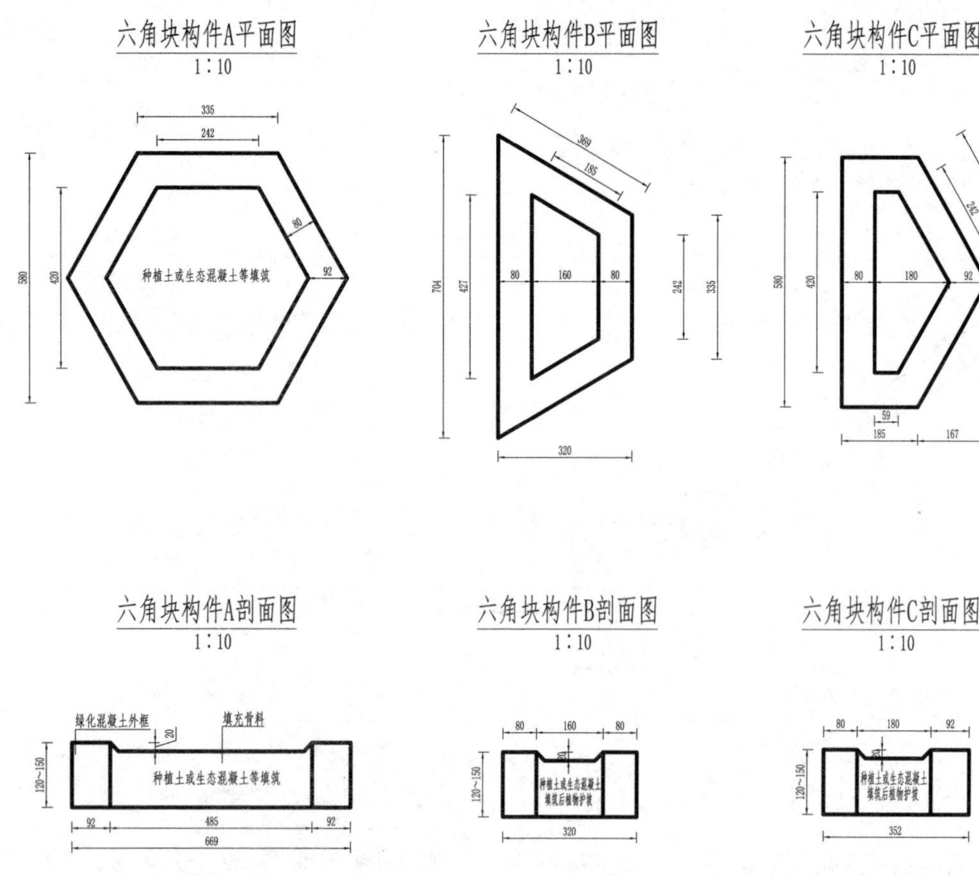

六角块构件护坡施工要求与流程

(1) 施工测量放样。首先布设施工控制网，进行施工放样，埋设分段开挖桩号和开挖轮廓线标志，测量开挖前后断面。根据施工控制网测量放样，确定护坡范围线，削坡前应对滩地地形进行实地测量，确定削坡范围。

(2) 坡面清基。根据设计图纸的要求，在工程实施范围内所有草皮、树木、树根和杂物清除运走，原地面的表土、草皮，应按图纸所要求的深度来清除，并运到指定地点废弃，当表层土清除后，仍发现井窖、墓穴、树桩、坑塘及动物巢穴时，要进行处理，回填土料的质量应按堤身填筑要求进行回填处理。

(3) 整坡。清基结束后，即可进行护坡土方开挖及修整，首先按设计要求坡度放线。在进行机械削坡时，建基面以上预留10cm厚的保护层。

对于需填土部分，利用削坡土方进行回填，回填时放台阶分层进行，不能顺坡摊铺，每层厚度小于30cm，局部不能使用机械回填部位，采用人工回填，蛙式打夯机夯实，每层厚度小于10cm。

(4) 脚槽土方开挖。脚槽、排水沟槽、封顶沟槽断面尺寸较小，采用人工进行开挖，断面尺寸要满足设计要求，不能出现欠挖现象。

(5) 脚槽混凝土基座施工。在脚槽开挖成型后，立即进行混凝土基座浇注。

(6) 混凝土预制块护坡。坡面修整验收合格后，即可进行复合土工膜和混凝土预制块坡面施工。先进行施工测量放样，顺堤线方向，每隔20m布置一个控制断面，在每个断面的坡脚、中部、坡顶部位分别打桩，并标出垫层和混凝土预制块护坡厚度及坡脚、坡顶角的位置，用尼龙线拉紧，检查坡面厚度，上下方脚位置及深度，符合设计要求后，即可铺设混凝土预制块护坡。

护坡混凝土预制块砌筑自下而上进行，砌筑应先砌外围行列，后砌里层，外围行列与里圈砌体应纵横交错，连成一体，砌体间咬扣紧密，错缝无通缝，不得叠砌和浮塞，块石表面应保持平整、美观。

说明：

1. 本图高程以m计，其余尺寸单位以mm计。
2. 护坡采用12～15cm厚空心六角块混凝土构件，其混凝土强度等级为C25，水灰比不大于0.6，抗渗等级为W2。
3. 空心六角块内填筑种植土或生态混凝土后植草（或水生植物）护坡，块间用M10水泥混合砂浆勾缝。
4. 六角块构件护坡施工工艺：施工准备→测量放样→管线探查→修整边坡→基础开挖→基础砌筑→混凝土预制块铺设→回填耕植土→边沟施工→竣工验收。
5. 未尽事宜严格按照国家标准执行。

湖南省农村小型水利工程典型设计图集　农村河道工程分册			
图名	六角块构件护坡设计图(2/2)	图号	NCHD-19

铰接式混凝土块护坡示意图

1∶20

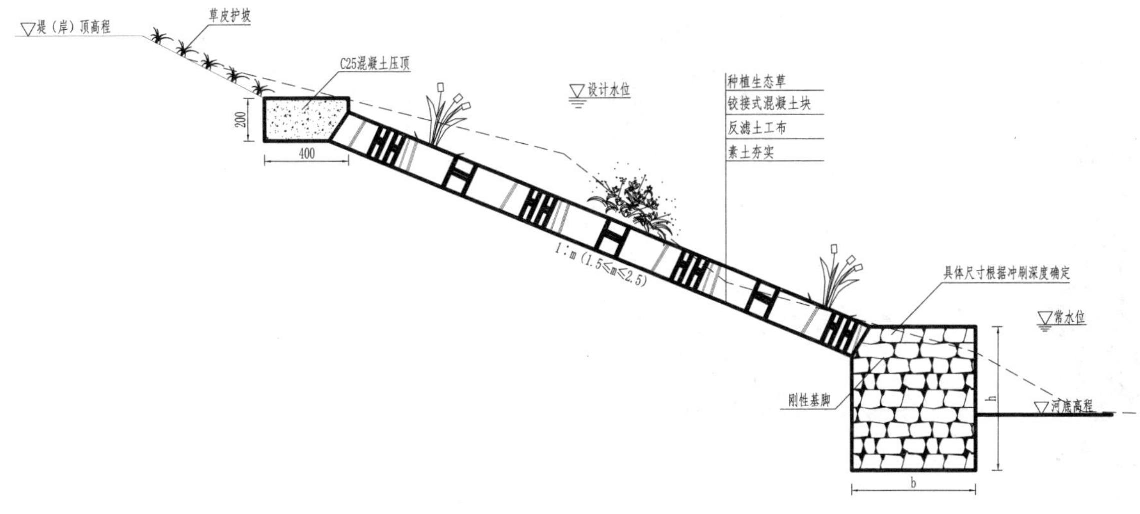

说明：

1. 本图高程以m计，其余尺寸单位以mm计。
2. 该方案适用于有生态修复和景观要求的情况。
3. 土工布型号选用300g/m²，渗透系数k为5×10^{-2}cm/s左右。
4. 铰接式混凝土块由专业厂家预制，规格一般为500mm×400mm×120mm中间开孔，开孔率为20%，块体孔中建议种植百喜草。
5. 建议最大边坡不超过1∶1.5为宜，施工断面底宽根据施工实际情况调整。
6. 抗冲刷水流速不超过6m/s。
7. 抗压强度(净面积）≥20MPa；抗折≥4MPa。
8. 护坡上下边用C25混凝土浇注起到锚固边坡的作用，水灰比不大于0.6，抗渗等级为W2。
9. 压顶、压脚每隔10m设一道伸缩缝，缝宽20mm，缝间用沥青砂浆填缝。
10. 铰接式混凝土块护坡施工工艺：施工准备→铺设土工布→铺设护坡块（穿钢绞线）→填缝→植草→压顶→竣工验收。
11. 铰接式混凝土块所需索扣介子、索扣、钢索配件由专业厂家提供，铰接式混凝土块施工现场应由专业厂家指导施工。
12. 必须严格按国家和地方现行的各种相关标准、规程、规章条例进行施工，确保施工安全。

铰接式护坡施工要求与流程

铰接式护坡是一种连锁型高强度预制混凝土块铺面系统。护坡系统是由一组尺寸、形状和重量一致的预制混凝土块，用镀锌的钢缆或聚酯缆绳相互连接而形成的连锁型护坡矩阵。具有较强的适应性和耐久，抗水流冲刷性能。

（1）铰接式护坡体系结构的组成：

1）铰接式护坡施工的主要组成部分包括：地基土、土工布、铰接式护坡块、线缆(镀锌钢绞线)。

2）地基土：坡体土工布以下土区、坡顶和坡底基础土；

3）土工布：在块体下面铺设土工布，增加渗透性，抑制淤泥的形成；

4）铰接式护坡块：护坡砖是具有特殊形状要求的混凝土制品，其作用是提供结构的稳定重量和生态景观的效果。

5）线缆：镀锌的钢缆或聚酯缆绳，连结铰接式护坡块体，增加护坡的整体性。

（2）施工步骤：

1）准备场地：铺放垫子前土基表面必须压实整平。从技术上或美观上讲严格整平都是非常重要的。若场地土质较差，不好压实或整平，则可用一层碎石垫层。整平好的表面上不能走人或机器，影响其平整度。

2）铺设土工布：铺放垫子前必须要铺设符合当地土质要求的反滤土工布，最好用编织的土工布。土工布在大多数情况下能代替碎石过滤层，但是铺面系统承受波浪荷载时碎石垫层就不能省略。土工布允许水渗出来，减少铺面系统上的扬压力，同时又防止发生地基土的管涌现象。在两张垫子接缝处要避免发生两张土工布的搭接，所以土工布在垫子四边都要伸出至少30cm。

3）铺设块体：块体的铺设用人工按照“品”字形上下块体孔对齐错位铺设，钢绞线的串接由坡底到坡顶依次进行，两根相邻钢绞线用U形锁扣连接锁紧，底部则可以挖壕沟把一部分块埋进土内或者一定长度的垫子摊铺在河底表面上。上下埋入土内的块体不能低于两行。如果缝隙过大则必须用渗水性混凝土填缝。

4）填缝：经受波浪冲击的边坡上铺好块后空隙内填满级配碎石，可大大提高铺面系统的稳定性。正常水位以下的开孔式块体孔内也最好填级配碎石，两块护坡垫之间用锁扣连接即可。

5）植草：正常水面以上块体表面可以摊铺一层天然土然后种植适合当地气候环境的花草。

湖南省农村小型水利工程典型设计图集　农村河道工程分册			
图名	铰接式混凝土块护坡设计图(1/2)	图号	NCHD-20

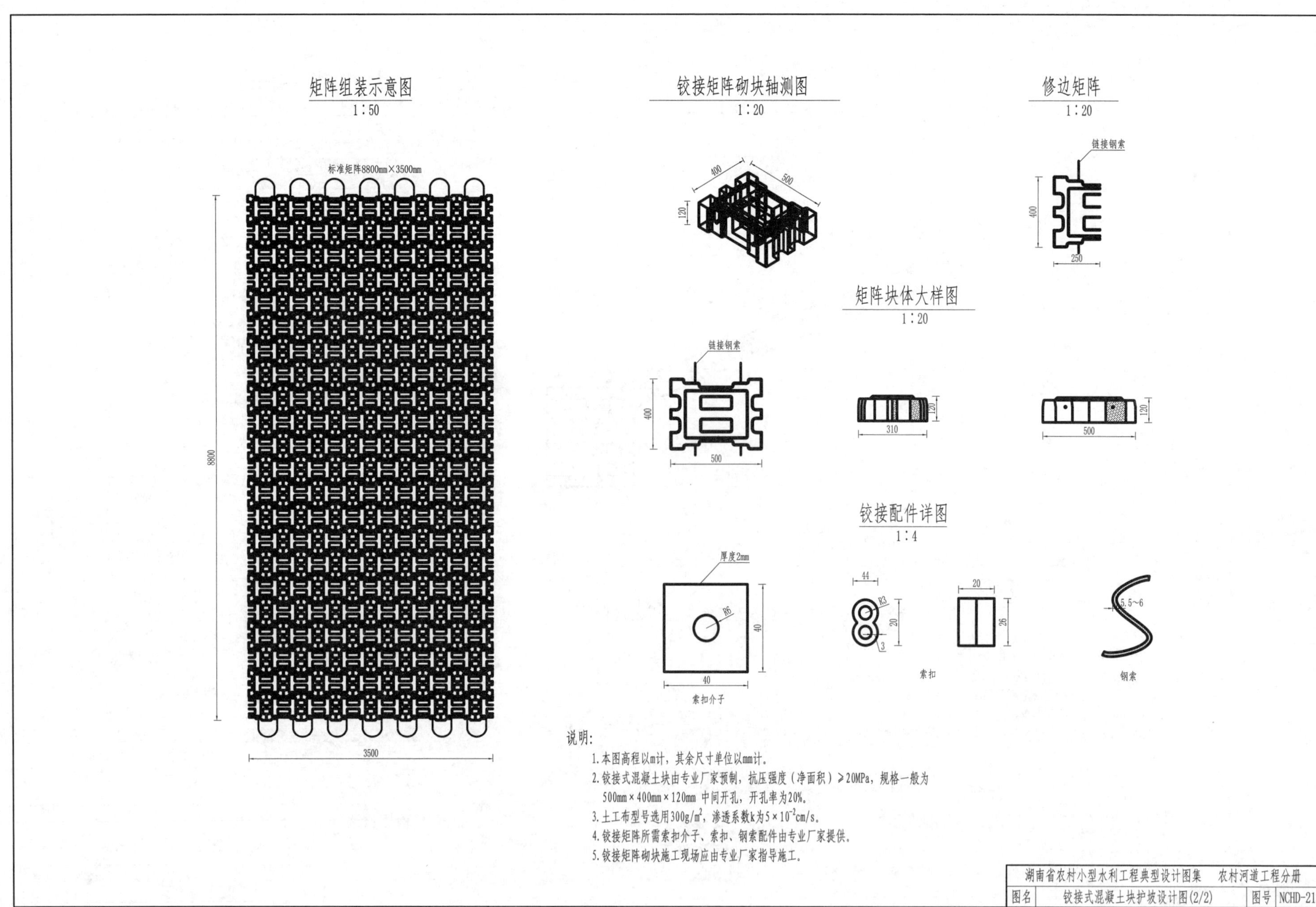

矩阵组装示意图
1∶50
标准矩阵8800mm×3500mm
8800
3500
铰接矩阵砌块轴测图
1∶20
400
500
120
修边矩阵
1∶20
链接钢索
400
250
矩阵块体大样图
1∶20
链接钢索
400
500
310
120
500
120
铰接配件详图
1∶4
厚度2mm
R6
40
40
索扣介子
44
R3
20
3
20
26
索扣
5.5~6
钢索
说明:
1.本图高程以m计，其余尺寸单位以mm计。
2.铰接式混凝土块由专业厂家预制，抗压强度（净面积）≥20MPa，规格一般为500mm×400mm×120mm 中间开孔，开孔率为20%。
3.土工布型号选用300g/m², 渗透系数k为5×10⁻²cm/s。
4.铰接矩阵所需索扣介子、索扣、钢索配件由专业厂家提供。
5.铰接矩阵砌块施工现场应由专业厂家指导施工。
湖南省农村小型水利工程典型设计图集 农村河道工程分册
图名 铰接式混凝土块护坡设计图(2/2)
图号 NCHD-21

联锁式混凝土块护坡示意图

1∶20

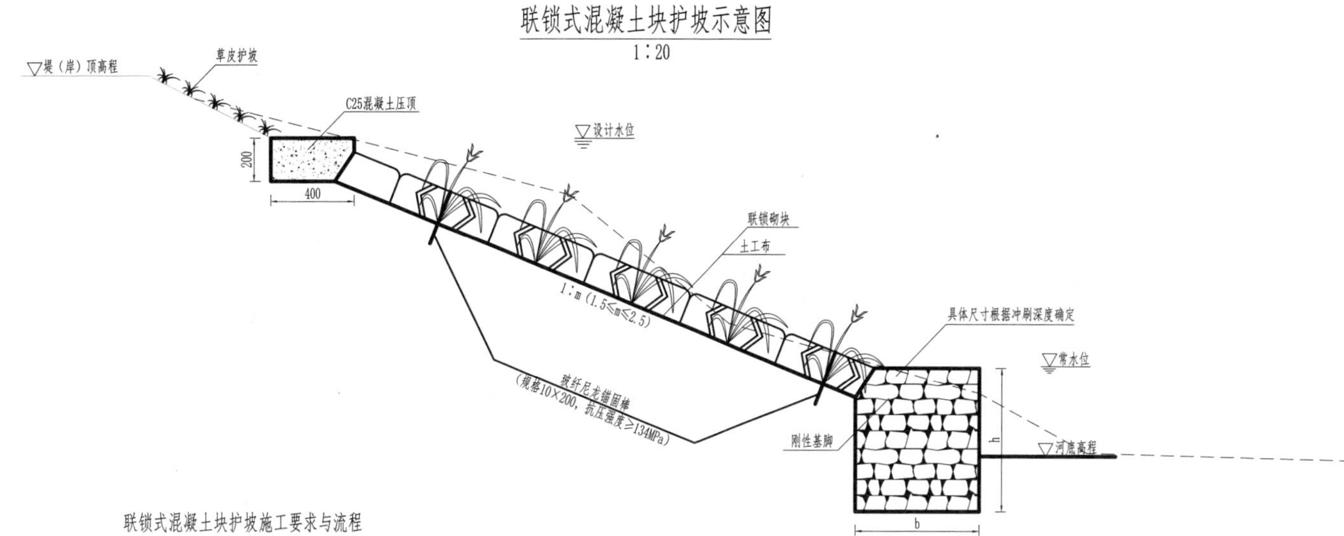

联锁式混凝土块护坡施工要求与流程

（1）准备场地：铺放垫子前土基表面必须压实整平。从技术上或美观上讲严格整平都是非常重要的。若场地土质较差，不好压实或整平，则可用一层碎石垫层。整平好的表面上不能走人或机器，影响其平整度。

（2）铺设土工布：铺放垫子前必须要铺设符合当地土质要求的反滤土工布，最好用编织的土工布。土工布在大多数情况下能代替碎石过滤层，但是铺面系统承受波浪荷载时碎石垫层就不能省略。土工布允许水渗出来，减少铺面系统上的扬压力，同时又防止发生地基土的管涌现象。在两张垫子接缝处要避免发生两张土工布的搭接，所以土工布在垫子四边都要伸出至少30cm。

（3）铺设块体：

①设高程控制桩，挂标高控制线。按设计护坡坡度和高程，在垂直坡底镇脚方向上按6m间距分别打桩挂线，再在镇脚水平方向向挂两道水平控制线，水平线位于垂直方向线的上方。

② 找平层碎石铺填。在其下铺填一薄层碎石(厚约3cm)，以利于对砌块进行高程和平整度的调整。碎石铺填同砌块砌筑宜随铺随砌，随砌随铺。

③ 砌筑第一行混凝土砌块。从坝脚浆砌石镇脚一侧开始，砌块底边沿线对齐下边起始标高控制线，砌块的上边沿对齐上边水平线，由坝脚向坝肩方向按标高控制线逐行砌筑。

④砌块砌筑时，由两人配合，采用一对专制钢齿耙完成对混凝土砌块的“抬运—就位—放下—找平—锤实”等。

⑤砌块由垂直方向放置到砌筑位置后上下移动，以使砌块下碎石找平层平整密实，并借助齿耙和木槌调整水平和高度。

⑥ 在同一作业面内，混凝土砌块的砌筑应从左(或右)下角开始沿水平方向逐行进行，以防产生累积误差，影响砌筑质量。

（4）填缝：经受波浪冲击的边坡上铺好块后空隙内填满级配碎石，可大大提高铺面系统的稳定性。正常水位以下的开孔式块体孔内也最好填级配碎石，混凝土块之间用玻纤尼龙棒锚固。

（5）植草：正常水面以上块体表面可以摊铺一层天然土然后种植适合当地气候环境的花草。

说明：

1.本图高程以m计，其余尺寸单位以mm计。
2.该方案适用于河道穿乡镇河段。
3.联锁式混凝土块由专业厂家预制，抗压强度(净面积)≥20MPa。
4.土工布型号选用300g/m^2，渗透系数k为5×10^{-2}cm/s。
5.压顶、压脚每隔10m设一道伸缩缝，缝宽20mm，缝间用沥青砂浆填缝。
6.联锁式混凝土块护坡施工工艺：施工准备→铺设土工布→铺设护坡块（玻纤尼龙棒锚固）→填缝→植草→压顶→竣工验收。
7.联锁式混凝土块使用玻纤尼龙棒进行锚固，每7块一组合使用一根锚固棒（即为1m^{2}1根）。
8.联锁式混凝土块施工现场应由专业厂家指导施工。
9.必须严格按国家和地方现行的各种相关标准、规程、规章条例进行施工，确保施工安全。

湖南省农村小型水利工程典型设计图集　农村河道工程分册			
图名	联锁式混凝土块护坡设计图(1/2)	图号	NCHD-22

联锁砌块矩阵安装示意图

1∶20

联锁砌块轴测图

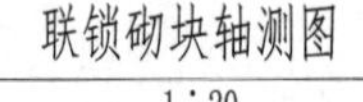

1∶20

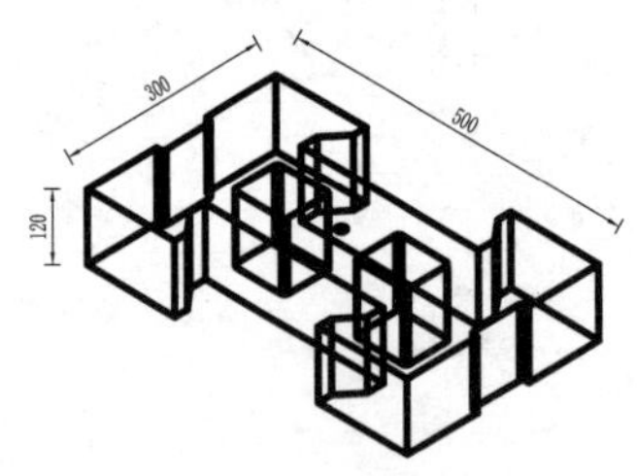

联锁砌块块体平面大样

1∶20

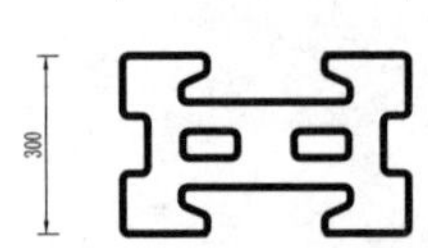

说明:

1. 本图高程以m计，其余尺寸单位以mm计。
2. 联锁式混凝土块由专业厂家预制，抗压强度(净面积）≥20MPa。
3. 土工布型号选用300g/m^2，渗透系数k为5×10^{-2}cm/s。
4. 联锁式混凝土块使用玻纤尼龙棒进行锚固，每7块一组合使用一根锚固棒（即为1$m^2$1根）。
5. 联锁式混凝土块施工现场应由专业厂家指导施工。
6. 必须严格按国家和地方现行的各种相关规范、规程、规章条例进行施工，确保施工安全。

湖南省农村小型水利工程典型设计图集　农村河道工程分册			
图名	联锁式混凝土块护坡设计图(2/2)	图号	NCHD-23

护坡铺装示意图

干垒生态护坡示意图

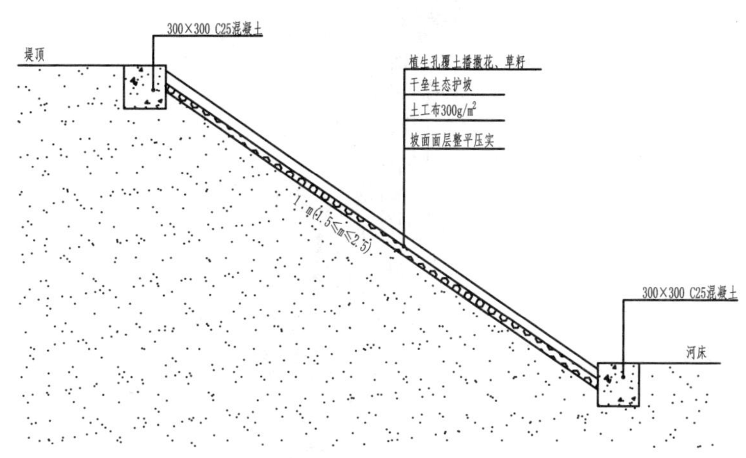

护坡构件细部图

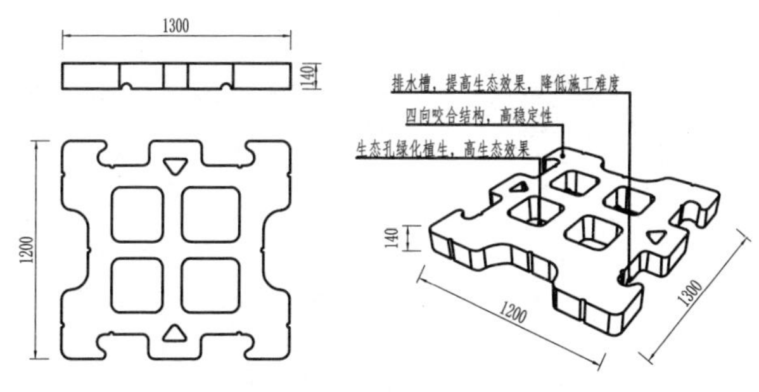

说明：

1. 本图尺寸单位以mm计。
2. 本图中所涉及的砌块为高强度高密度混凝土预制块。
3. 砌块数量：0.59块/m²。
4. 需要非整块时可根据实际尺寸切割得到。
5. 干垒生态护坡施工工艺：坡面整形→铺设土工布→砌块安装铺设→回填土料或合适骨料→植草。
6. 由专业厂家施工或者由专业厂家派出技术代表指导施工。
7. 具体施工要求及流程可参照图册NCHD-22。

湖南省农村小型水利工程典型设计图集		农村河道工程分册	
图名	干垒生态护坡设计图	图号	NCHD-24

干垒生态挡土墙示意图

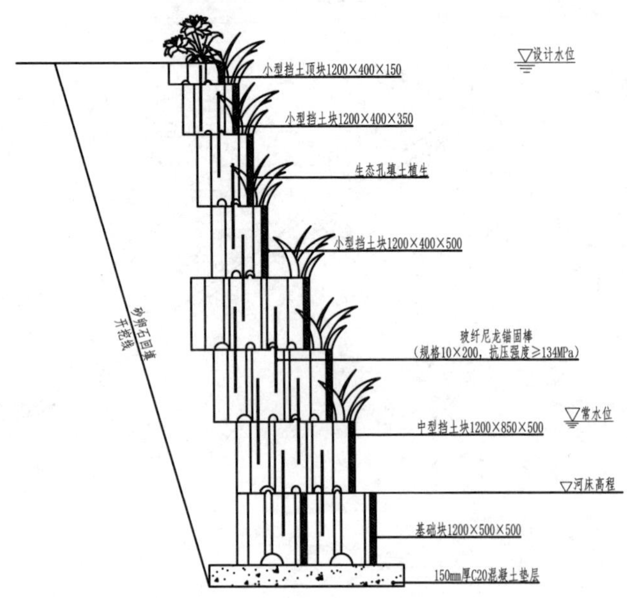

小型挡土顶块1200×400×150

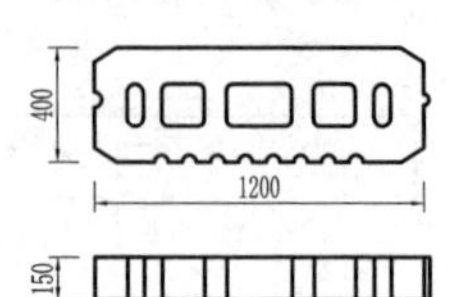

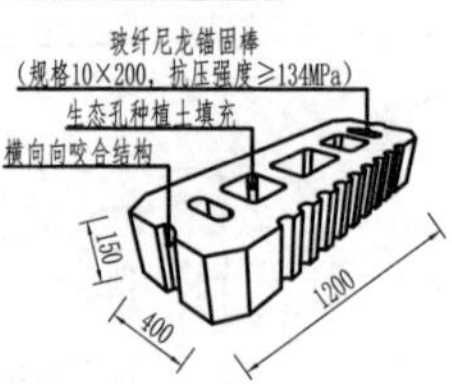

小型挡土块1200×400×350

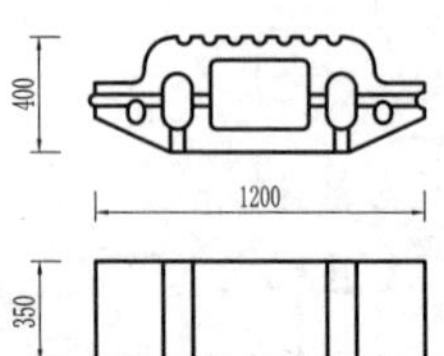

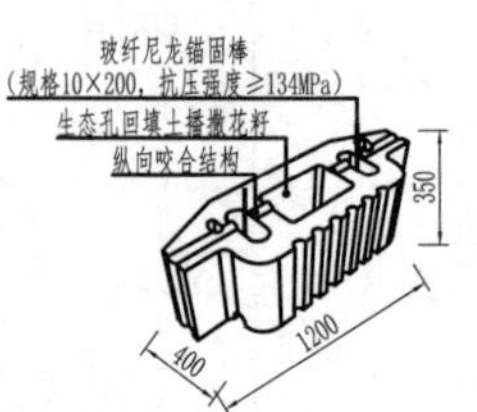

小型挡土块1200×400×500

中型挡土块1200×850×500

基础块1200×500×500

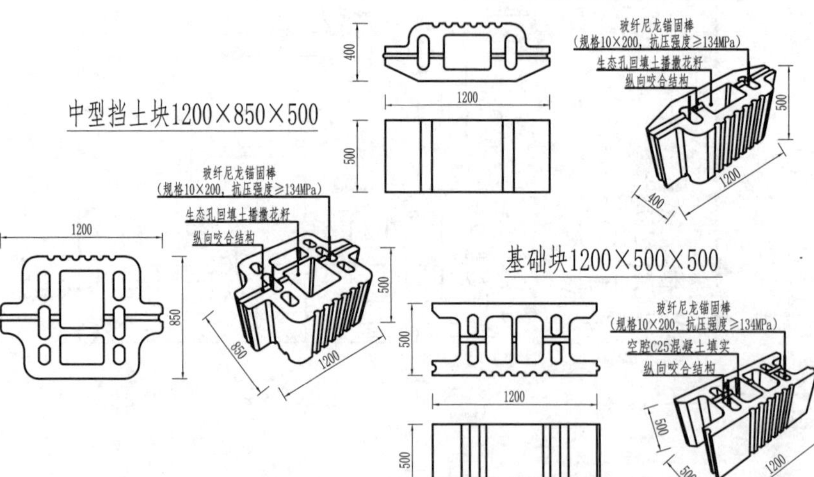

说明：

1. 图形尺寸：本图尺寸单位以mm计（特殊标注的除外）。
2. 开挖坡比：本图开挖坡比1∶0.3。在设计及施工过程中应根据实际情况调整开挖坡比，土质较好、稳定时，可按1∶0.3坡比开挖，土质一般的情况可按坡比1∶0.5进行开挖。
3. 产品结构：须按设计要求选择产品，包括产品尺寸、结构，产品尺寸及结构会对挡土墙稳定性产品较大影响，故不得随意更改产品类型。
4. 填料要求：墙后填料可选择一定级配的砂、砾土（或黏土）等且夯实，夯实度不低于93%（回填区域较窄、宽度低于1m的区域，夯实度不低于83%）。
5. 锚固填混凝土：为保证（规格不低于设计要求）达到较好的锚固效果，混凝土（不低于C20）骨料应选用粒径0.35～5mm的细碎石骨料，不得使用粒径大于5mm的粗骨料。施工时，下一层砌块先填砌块1/3高度的细石混凝土，然后放置锚固棒，锚固棒略向墙背方向倾斜，倾斜角度约为10°，然后填混凝土至上一层砌块1/3高度，填混凝土过程中应用细棒适当搅动填入锚固孔的细石混凝土，使填入锚固孔内的细石混凝土均匀分布、减少砂眼。
6. 基础处理：基础采用生态基础模块并用C25混凝土填充，基础下素土要夯实（地基承载力不低于120kPa）。当地基土质或墙背土体稳定性较差时，应在基础上设置抗滑凸榫（抗滑凸榫的尺寸及位置应符合设计要求）或采用松木桩抗滑处理。当基底为淤泥质土层时，可采用抛石、换填等方式处理，必要时采用松木桩复合基础。
7. 生态绿化：砌块生态孔应回填种植土（常水位以下的砌块生态孔回填卵石，利于泥土沉降在生态孔内），土层厚度约为砌块高度的80%。播撒花、草籽时，应将种子与种植土按1∶3的比例充分混合后，均匀地撒播在砌块生态孔的回填土上，并浇透水，促进种子萌发。
8. 干垒生态挡土墙施工工艺：围堰，导流排水→土方开挖→垫层铺设→底板浇筑→挡墙垒砌→砂卵石回填、压实→填缝→植草→养护。
9. 需要非整块时可根据实际尺寸切割得到，由专业厂家施工或者由专业厂家派出技术代表指导施工。

湖南省农村小型水利工程典型设计图集　农村河道工程分册			
图名	干垒生态挡土墙护坡设计图	图号	NCHD-25

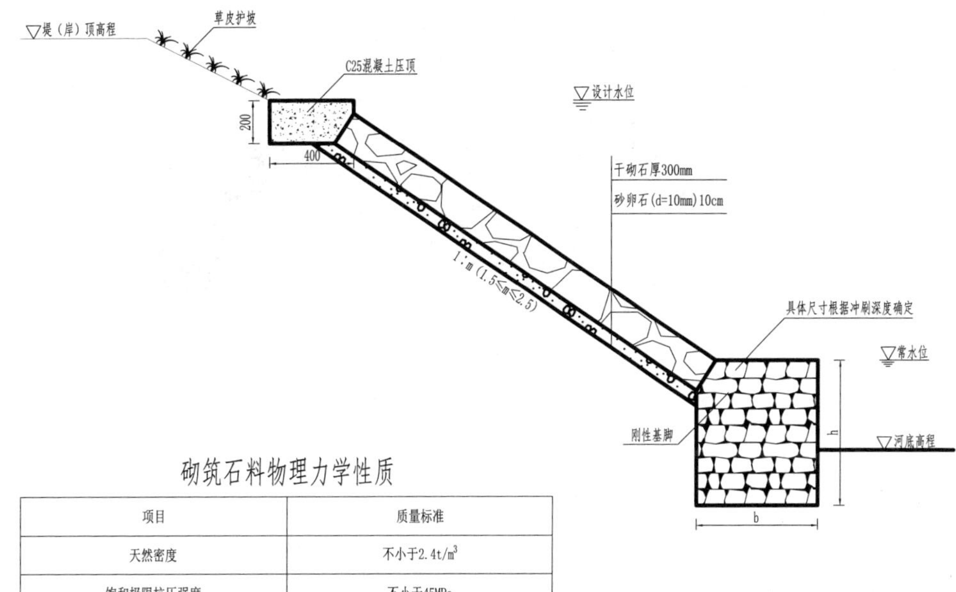

砌筑石料物理力学性质

项目	质量标准
天然密度	不小于2.4t/m^3
饱和极限抗压强度	不小于45MPa
最大吸水率	不大于10%
软化系数	一般岩石不小于0.7或符合设计要求

说明:

1. 本图高程以m计，其余尺寸单位以mm计。
2. 该方案适用于地下水丰富的情况。
3. 干砌石石块应选用材质应坚实新鲜，无风化剥落层或裂纹，石材表面无污垢、水锈等杂质。块石应大致方正，上下面大致平整，无尖角，石料的尖锐边角应凿去。所有垂直于外露面的镶面石的表面凹陷深度不得大于20mm。石料最小尺寸不宜小50cm。一般长条形丁向砌筑，不得顺长使用。
4. 压顶和压脚材料采用浆砌块石或混凝土结构，每隔10m设一道2cm厚分缝，缝内填闭孔聚氯乙烯泡沫板或沥青杉板。
5. 必须严格按国家和地方现行的各种相关规范、规程、规章条例进行施工，确保施工安全。

干砌石护坡施工要求与流程

干砌石采用卧砌法施工，施工前应测量放样，施工时立杆挂线，自下而上砌筑，确保坡面顺直、坡度准确。对松动岩石应予以清除，凹陷部分开挖成台阶形后圬工砌补与原来坡面相同，再开始砌筑。

砌筑时，石块分层卧砌，上下错缝，内外搭砌，必要时需设置拉结石。块石直接靠紧。大孔隙用碎石堵塞，确保干砌块石的稳定性。浆砌石的结构尺寸和位置按设计要求控制，表面偏差控制在规范允许范围之内。

(1)干砌石坡面施工：

①施工程序为:测量放样→场地清理→基础整平→基础验收→砌筑。

②基础若没有露出水面，则采用抛石抛至露出水面，采用人工配合反铲进行基础面整平。

③每砌3～4皮为一个分层高度，每个分层高度找平一次，分段砌筑进行，砌筑的砌石体交接处同时砌筑。

④在砌筑过程中，按设计图纸要求准确收坡或收台。

⑤砌筑采用卧砌法。砌筑时片石分层卧砌，上下错缝，咬扣紧密。外露面选用表面较平整及尺寸较大的片石，并适当加以修凿。采用同皮内丁顺相间的砌筑形式，当中间部分用毛石填砌时，丁砌料石伸入毛石部分的长度不小于200mm，两个分层高度间的错缝不小于80mm。石块间较大的空隙用碎块或片石嵌实，帮衬石及腹石的竖缝相互错开。

⑥砌体部位较长时，可分为几个工作段，浆砌石砌体每日的砌筑高度，砌筑时相邻工作段的高差不大于1.2m。

湖南省农村小型水利工程典型设计图集　农村河道工程分册			
图名	干砌石护坡设计图	图号	NCHD-26

浆砌石重力式挡墙护岸示意图

1∶50

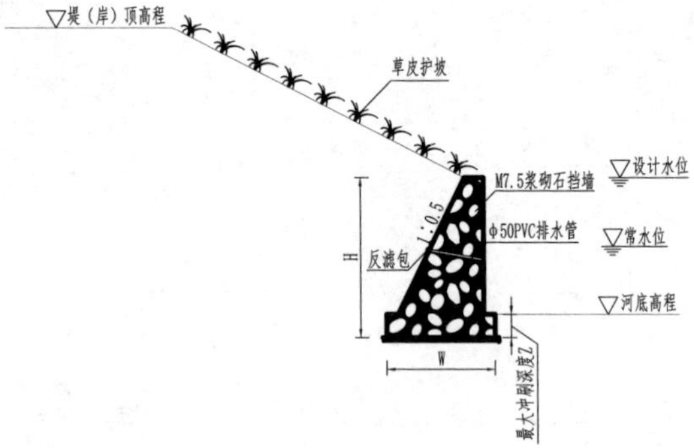

浆砌石仰斜式挡墙护岸示意图

1∶50

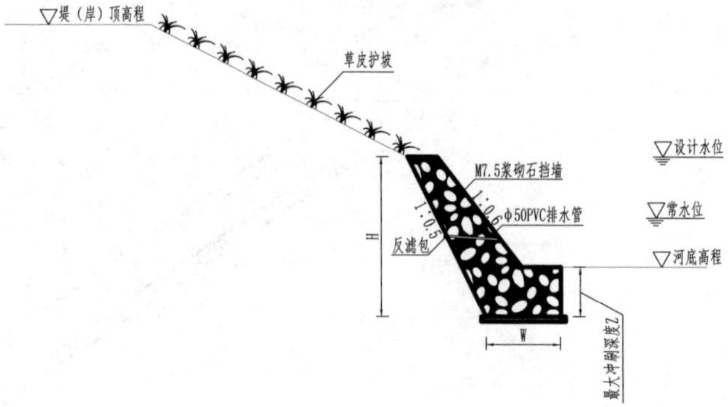

砌筑石料物理力学性质

项目	质量标准
天然密度	不小于2.4t/m³
饱和极限抗压强度	不小于45MPa
最大吸水率	不大于10%
软化系数	一般岩石不小于0.7或符合设计要求

说明:

1.本图高程以m计，其余尺寸单位以mm计。
2.该方案适用于河道河弯凹岸、已发生冲刷破坏和可能发生冲刷破坏的情况，其护脚建基面应置于工程区可能发生的最大冲刷深度以下。
3.浆砌石石块应选用材质应坚实新鲜，无风化剥落层或裂纹，石材表面无污垢、水锈等杂质。块石应大致方正，上下面大致平整，无尖角，石料的尖锐边角应凿去。所有垂直于外露面的镶面石的表面凹陷深度不得大于20mm。石料最小尺寸不宜小50cm。一般长条形丁向砌筑，不得顺长使用。
4.挡墙每隔10m设一道伸缩缝，缝内填闭孔聚氯乙烯泡沫板或沥青杉板。
5.挡墙墙身设φ50pvc排水管，排水坡比5%，间距2.0m，管末端设反滤包。
6.浆砌石挡墙地基承载力不小于150kPa。
7.浆砌石挡墙施工工艺流程如下:测量放样→基础整修→铺筑垫层→块石运输到位→选石料→砂浆拌制、运输→挡土墙砌筑→勾缝→养护。
8.必须严格按国家和地方现行的各种相关规范、规程、规章条例进行施工，确保施工安全，浆砌石挡墙具体施工要求及流程详见图册NCHD-28。

湖南省农村小型水利工程典型设计图集　农村河道工程分册			
图名	浆砌石挡墙护岸设计图	图号	NCHD-27

浆砌石挡墙施工要求与流程

（一）施工程序如下框图

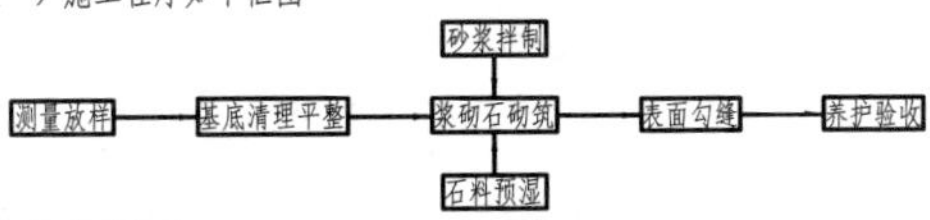

（二）材料要求

(1) 石料：

①砌体石料必须质地坚硬、新鲜，不得有剥落层或裂纹。其基本物理力学指标应符合设计规定。

②石料表面的泥垢等杂质，砌筑前应清洗干净。

③石料的规格要求。

块石：一般由成层岩石爆破而成或大块石料锲切而得，要求上下两面大致平整且平行，无尖角、薄边，块厚宜大于20cm。

(2) 胶结材料：

①砌石体的胶结材料，主要有水泥砂浆和混凝土。水泥砂浆是由水泥、砂、水按一定的比例配合而成。用作砌石胶结材料的混凝土是由水泥、水、砂和最大粒径不超过40mm的骨料按一定的比例配合而成。

②水泥：应符合国家标准及部颁标准的规定，水泥标号不低于325号，水位变化区、溢流面和受水流冲刷的部位，其水泥标号应不低于425号。

③水：拌和用的水必须符合国家标准规定。

④水泥砂浆的沉入度应控制在4～6cm，混凝土的坍落度应为5～8cm。

(3) 砌筑要求：

①挡墙基础按设计要求开挖后，进行清理，并请工程师进行验收。

②已砌好的砌体，在抗压强度未达到设计强度前不得进行上层砌石的准备工作。

③砌石必须采用铺浆法砌筑，砌筑时，石块宜分层卧砌，上下错缝，内外搭砌。

④在铺砌前，将石料洒水湿润，使其表面充分吸收，但不得残留积水。砌体外露面在砌筑后12～18小时之内给予养护。继续砌筑前，将砌体表面浮渣清除，再行砌筑。

⑤砂浆砌石体在砌筑时，应做到大面朝下，适当摇动或敲击，使其稳定；严禁石块无浆贴靠，竖在填塞砂浆后用扁铁插捣至表面泛浆；同一砌筑层内，相邻石块应错缝砌筑，不得存在顺流向通缝，上下相邻砌筑的石块，也应错缝搭接，避免竖向通缝。必要时，可每隔一定距离立置丁石。

⑥雨天施工不得使用过湿的石块，以免细石混凝土或砂浆流淌，影响砌体的质量，并做好表面的保护工作。如没有做好防雨棚，降雨量大于5mm时，应停止砌筑作业。

（三）砌筑

(1) 砂浆必须要有试验配合比，强度须满足设计要求，且应有试块试验报告，试块应在砌筑现场随机制取。

(2) 砌筑前，应在砌体外将石料上的泥垢冲洗干净，砌筑时保持砌石表面湿润。

(3) 砌筑因故停顿，砂浆已超过初凝时间，应待砂浆强度达到设计强度后才可继续施工；在继续砌筑前，应将原砌体表面的浮渣清除；砌筑时应避免震动下层砌体。

(4) 勾缝砂浆标号应高于砌体砂浆；应按实有砌缝勾平缝，严禁勾假缝，凸缝；勾缝密实，黏结牢固，墙面洁净。

(5) 砌石体应采用铺浆法砌筑，砂灰浆厚度应为20～50mm，当气温变化时，应适当调整。

(6) 采用浆砌法砌筑的砌石体转角处和交接处应同时砌筑，对不同时砌筑的面，必须留置临时间断处，并应砌成斜槎。

(7) 砌石体尺寸和位置的允许偏差，不应超过有关的规定。

(8) 砌筑基础的第一皮石块应坐浆，且将大面朝下。

（四）砌石表面勾缝

(1) 勾缝砂浆采用细砂，用较小的水灰比，采用425号水泥拌制砂浆。灰砂比应控制在1∶1～1∶2。

(2) 清缝在料石砌筑24h后进行，缝宽不小于砌缝宽度，缝深不小于缝宽的二倍。

(3) 勾缝前必须将槽缝冲洗干净，不得残留灰渣和积水，并保持缝面湿润。

(4) 勾缝砂浆必须单独拌制，严禁与砌石体砂浆混用。

(5) 拌制好的砂浆向缝内分几次填充并用力压实，直到与表面平齐，然后抹光。砂浆初凝后砌体不得扰动。

(6) 勾缝表面与块石应自然接缝，力求美观、匀称，砌体表面溅上的砂浆要清除干净。

(7) 当勾缝完成和砂浆初凝后，砌体表面应刷洗干净，至少用浸湿物覆盖保持21天，在养护期间应经常洒水，使砌体保持湿润，避免碰撞和振动。

（五）养护

砌体外露面，在砌筑后12～18h应及时养护，经常保持外露面的湿润。养护时间：水泥砂浆砌体一般为14天，混凝土砌体为21天。

湖南省农村小型水利工程典型设计图集		农村河道工程分册	
图名	浆砌石挡墙施工要求与流程	图号	NCHD-28

无砂大孔混凝土护坡平面图

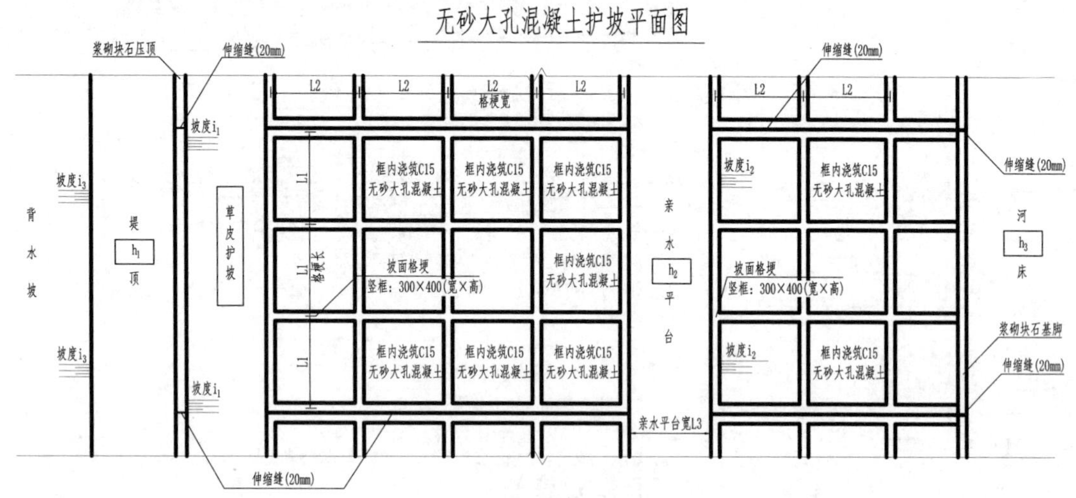

无砂大孔混凝土护坡示意图

1：150

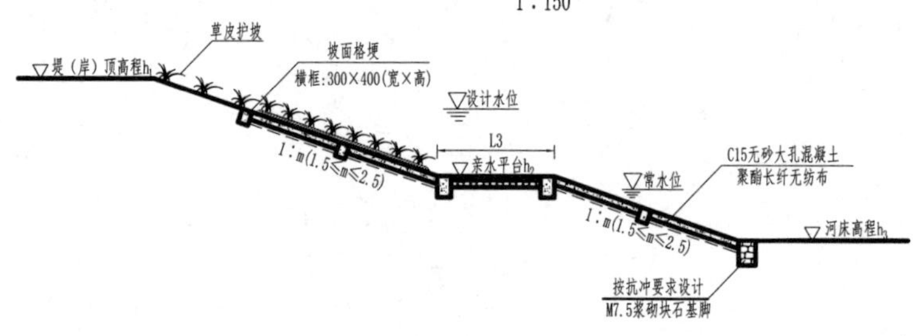

说明：

1. 本图高程以m计，其余尺寸单位以mm计。
2. 该方案适用于护坡强度要求不高，且兼顾排水、疏水，突出美化、绿化环境的情况。
3. 混凝土框格采用现浇形式，其混凝土强度等级为C25，水灰比不大于0.6，抗渗等级为W2，框格宽度一般为4.0m。
4. 无砂大孔混凝土采用现浇形式，其混凝土强度等级为C15，混凝土配 合比为0.35：1：6.92。
5. 压顶和压脚材料采用浆砌块石或混凝土结构，每隔10m设一道2cm厚分缝，缝内填闭孔聚氯乙烯泡沫板或沥青杉板。
6. 无砂大孔混凝土护坡施工工艺流程如下：施工准备→测量放样→坡面平整→土工布铺设→立模板→框格混凝土浇筑→无砂大孔混凝土浇筑→回填种植土并挂网喷播植生。
7. 浇筑格梗时，可设置30cm插筋，增加混凝土框格的稳定性。
8. 聚酯长纤无纺布应根据实际情况考虑是否设计，其标称断裂强度10kN/m，详细指标参照GB/T 17639—2008《土工合成材料 长丝纺粘针刺非织造土工布》。
9. 亲水平台宽度L视工程实际情况决定。

无砂大孔混凝土护坡施工要求与流程

（1）准备场地：铺放垫子前土基表面必须压实整平。从技术上或美观上讲严格整平都是非常重要的。若场地土质较差，不好压实或整平，则可用一层碎石垫层。整平好的表面上不能走人或机器，影响其平整度。

（2）铺设土工布：铺放垫子前必须要铺设符合当地土质要求的反滤土工布，最好用编织的土工布。土工布在大多数情况下能代替碎石过滤层，但是铺面系统承受波浪荷载时碎石垫层就不能省略。土工布允许水渗出来，减少铺面系统上的扬压力，同时又防止发生地基土的管涌现象。在两张垫子接缝处要避免发生两张土工布的搭接，所以土工布在垫子四边都要伸出至少30cm。

（3）混凝土框格浇筑：框架采用C25混凝土浇筑，框架嵌入坡面20cm，用人工开挖，石质地段使用风镐开凿，超挖部分采用C25混凝土调整至设计坡面。横梁、竖肋基础先采用5cm水泥砂浆调平，再进行钢筋制作安装，钢筋接头需错开，同一截面钢筋接头数不得超过钢筋总根数的1/2，且有焊接接头的截面之间的距离不得小于1m。因锚杆无预应力，锚杆尾部不需外露、不需加工丝口、不用螺帽和混凝土锚头封块，只需将锚杆尾部与竖梁钢筋相焊接成一整体，若锚杆与箍筋相干扰可局部调整箍筋的间距。模板采用木模板，用短锚杆固定在坡面上，混凝土浇注时，尤其在锚孔周围，钢筋较密集，一定要仔细振捣，保证质量。框架分片施工，两相邻框架接触处留2cm宽伸缩缝，用浸沥青木板填塞。

（4）无砂混凝土浇筑：无砂大孔混凝土采用42.5R普通硅酸的盐水泥作胶凝材料，粗骨料为碎石，粒径10～20mm。混凝土设计强度等级为C15，有效孔隙率大于25%。混凝土配合比参数：水灰比0.4，水泥用量200kg/m^3，水用量80kg/m^3，骨料用量1600kg/m^3。浇筑前要先清除框格内的垃圾和杂物，将基层表层土轻轻震实。在浇筑填充时，先用小铲摊平混凝土，再用小木桩轻轻震实，为了保证其孔隙率，振捣时用力不可过大，无砂大孔混凝土的浇筑厚度控制在7cm。混凝土浇筑完毕后应立即用草席或塑料膜覆盖，2～3个h后浇水养护，养护龄期7天，浇水次数以保证混凝土处于足够湿润状态为宜。

（5）植草：为了确保栽种植物能够正常生长，以就近的土为基础材料，加入复合肥配制营养土。在无砂大孔混凝土表面覆盖营5cm厚的营养土，铺土后轻轻压实，保证营养土层的厚度。栽种后及时浇水，由于营养土层较薄，遇到天气炎热时应增加浇水次数，保证植物的成活率。

湖南省农村小型水利工程典型设计图集　农村河道工程分册			
图名	无砂大孔混凝土护坡设计图	图号	NCHD-29

混凝土护脚断面图

1∶20

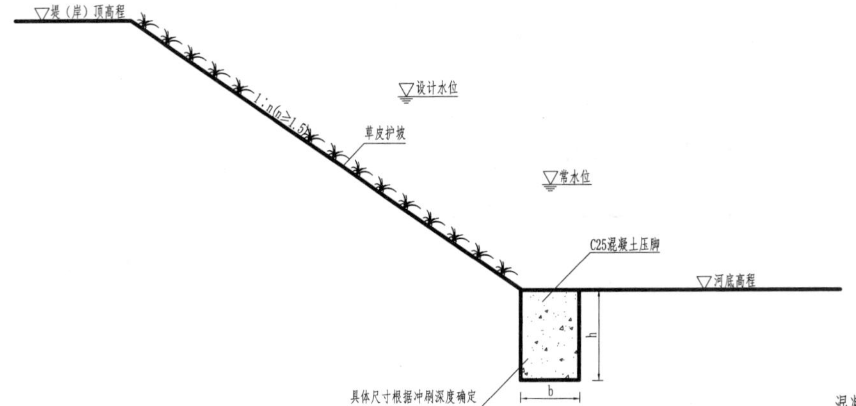

混凝土施工要求

1、袋装水泥运到工地后，立即存放在干燥、通风良好的水泥仓库内，以免受潮，堆放高度不得超过15袋。使用时袋装水泥的出厂日期不超过3个月。

2、混凝土粗、细骨料应为质地坚硬、颗粒洁净、粒型和级配良好的天然砂石料。新老混凝土结合面必须凿毛并充分清洗。浇筑混凝土前应清除干净施工缝表面上所有的积水。施工缝的表面在覆盖新鲜混凝土或砂浆前，应保持干净潮湿。同时还需将表面的杂物清理干净，包括除去所有的乳浆皮、疏松或有缺陷的混凝土、涂层、砂、养护物以及其它杂质。在低温季节施工，混凝土浇筑后应用麻袋或草袋覆盖保温。

3、现浇混凝土浇筑完毕后应及时收面，混凝土表面应密实、平整、且无石子外露。混凝土预制构件安砌应平整、稳固，砂浆应饱满、捣实，压平、抹光。

说明：

1.本图高程以m计，除注明外其余尺寸单位以mm计。

2.该方案适用于岸坡抗冲刷能力较强，仅坡脚遭淘刷破坏的丘陵、平原地区。

3.混凝土每隔5m设一道伸缩缝，缝内填闭孔聚氯乙烯泡沫板或沥青杉板。

湖南省农村小型水利工程典型设计图集　农村河道工程分册			
图名	混凝土护脚设计图	图号	NCHD-30

踏步平面布置图

1∶20

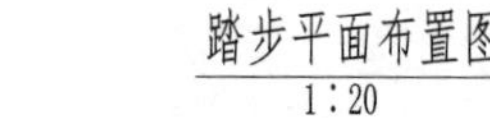

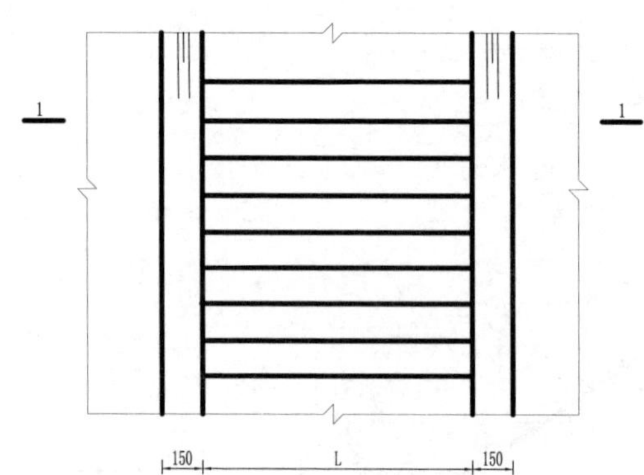

踏步纵断面图

1∶10

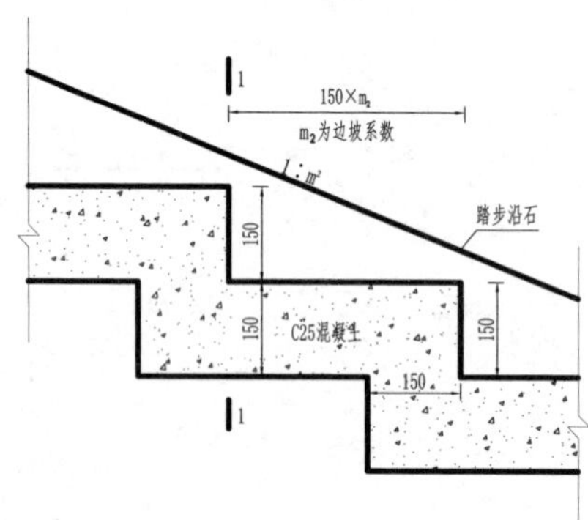

踏步横断面图（1—1）

1∶20

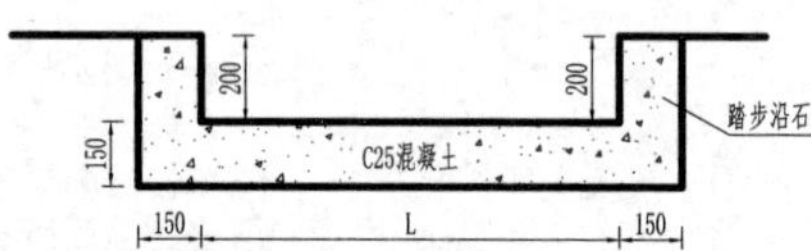

说明：

1. 图中高程以m计，尺寸以mm计。
2. 下河踏步应设置结构钢筋，保证阶梯稳定。
3. 踏步宽度L由坡比系数确定，一般不小于1.2m。
4. 临近水面宜设置亲水平台，平台净宽不小于1.0m。
5. 下河踏步一般间隔50～100m设置一处，具体可根据实际情况布设。
6. 踏步施工工艺：施工放样→清理基底→模板制作与安装→混凝土拌和与运输→浇筑→养护及拆模。
7. 未尽事宜严格按照国家标准执行。

湖南省农村小型水利工程典型设计图集 农村河道工程分册			
图名	踏步设计图	图号	NCHD-31

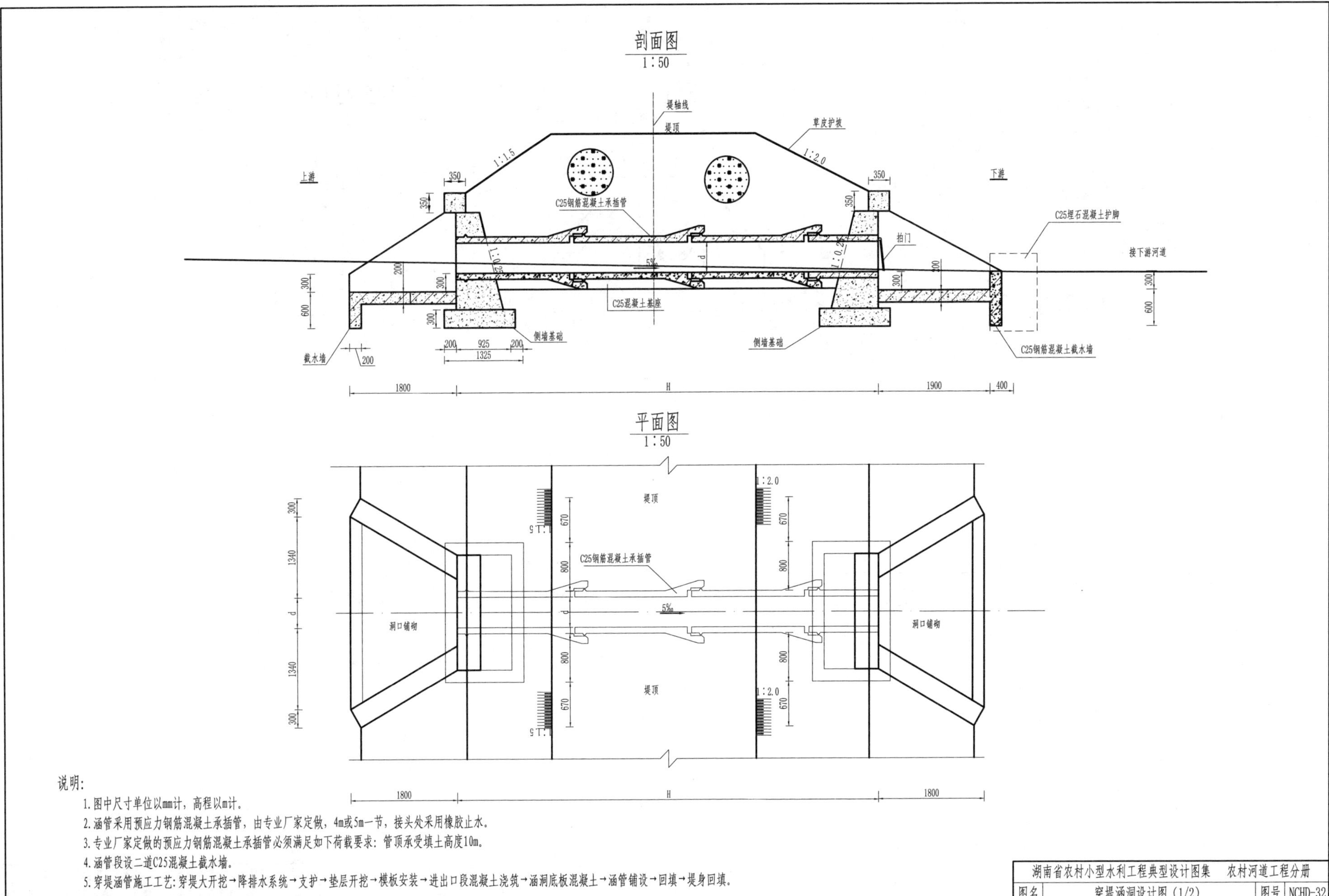

说明:

1. 图中尺寸单位以mm计，高程以m计。
2. 涵管采用预应力钢筋混凝土承插管，由专业厂家定做，4m或5m一节，接头处采用橡胶止水。
3. 专业厂家定做的预应力钢筋混凝土承插管必须满足如下荷载要求：管顶承受填土高度10m。
4. 涵管段设二道C25混凝土截水墙。
5. 穿堤涵管施工工艺：穿堤大开挖→降排水系统→支护→垫层开挖→模板安装→进出口段混凝土浇筑→涵洞底板混凝土→涵管铺设→回填→堤身回填。

湖南省农村小型水利工程典型设计图集　农村河道工程分册			
图名	穿堤涵洞设计图（1/2）	图号	NCHD-32

预应力管接头止水详图

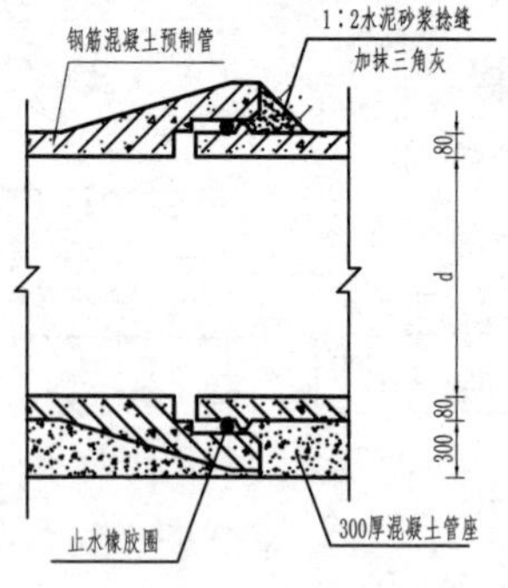

立面图

1:50

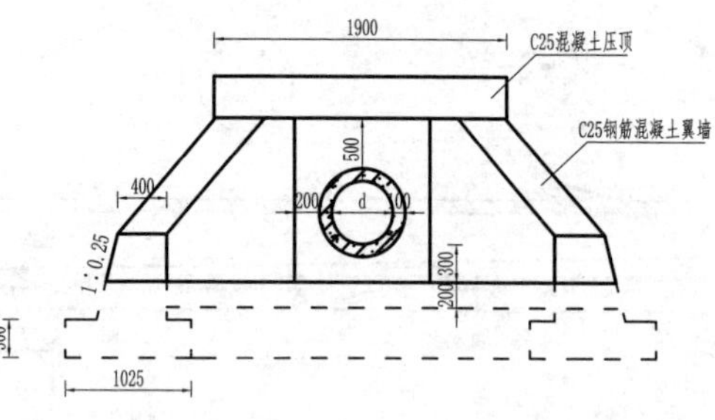

翼墙剖面图

1:50

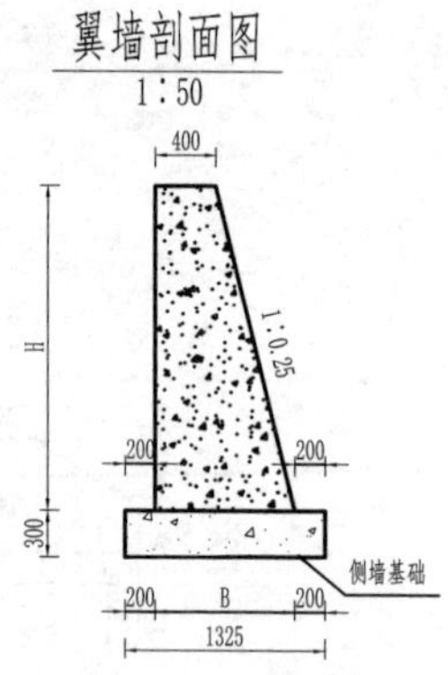

单排涵身横断面

（地基承载力≥150kPa）

C20钢筋混凝土承插管

120°

200

300

800

砂砾垫层

840

纵断面图

1:50

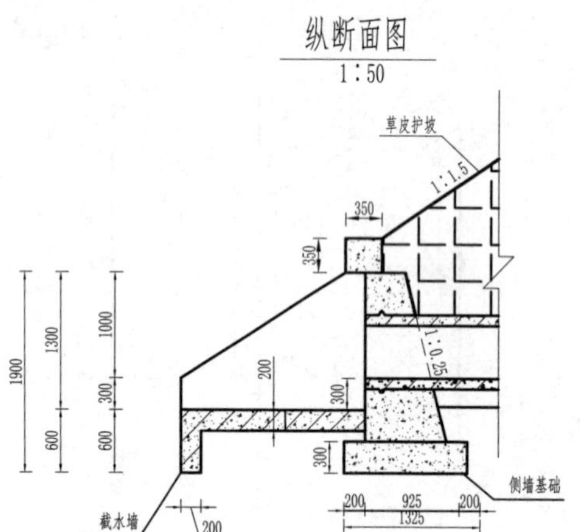

说明：

1.图中单位：尺寸以mm计。

2.基础混凝土为C20，八字翼墙洞口均采用C25混凝土，并列两排涵管时管外壁间距400mm。

3.八字翼墙洞口上的帽石可按涵洞孔径预制安装或现场砌（浇）筑。

4.未尽事宜按现行施工验收标准规范严格执行。

湖南省农村小型水利工程典型设计图集　农村河道工程分册			
图名	穿堤涵洞设计图（2/2）	图号	NCHD-33